【修訂三版】

商業簿記（下）

Commercial Bookkeeping

盛禮約 著

三民書局

國家圖書館出版品預行編目資料

商業簿記(下)／盛禮約著.－－修訂三版三刷.－－臺
北市：三民，2021
　　冊；　公分

　ISBN 978-957-14-5834-2　（上冊：平裝）
　ISBN 978-957-14-5881-6　（下冊：平裝）
　1. 商業簿記

495.55　　　　　　　　　　　　　　102015688

商業簿記（下）

作　　者	盛禮約
發 行 人	劉振強
出 版 者	三民書局股份有限公司
地　　址	臺北市復興北路 386 號 (復北門市)
	臺北市重慶南路一段 61 號 (重南門市)
電　　話	(02)25006600
網　　址	三民網路書店 https://www.sanmin.com.tw
出版日期	初版一刷 1969 年 1 月
	修訂三版一刷 2015 年 6 月
	修訂三版三刷 2021 年 9 月
書籍編號	S491280
I S B N	978-957-14-5881-6

三民書局

修訂三版序

簿記是以簡易的手續及明晰的方法,將經濟活動作有系統的記載與整理,藉以記錄實況、表明現狀。亦即,簿記是會計所運用的工具,隨會計學的進步而改進;也是會計學的入門,由之而登堂入室。

我國政府為推行良好的簿記實務,特訂立《商業會計法》,並歷經多次修訂,最近一次修訂日期為民國 98 年 6 月 3 日。本書此次便是配合最新之相關法令,作大幅度的修改;同時書中列舉之範例,相關數字皆以簡明、易於計算為原則,主要用意在使讀者熟悉簿記之原理,增加學習興趣。

全書分上、下兩冊,共十八章。第一章概述簿記之意義與功用;第二～三章探討單式簿記與雙式簿記之差異;第四～六章說明會計科目、會計事項與會計憑證;第七～十二章依序介紹序時簿、現金日記簿、總分類帳、明細帳、專欄、多本序時簿;第十三～十六章則為試算表、結算、調整、表結與帳結;最後,第十七～十八章闡述如何編製會計報表。

本次改版新增會計事務丙級技術士檢定之考古題,可以幫助讀者迅速掌握各章重點及加強作答之能力。此外,本書內容簡潔詳盡,讀者詳讀後必能培養日後從事會計工作的基本能力,並奠定研究會計理論的基礎。

三民書局編輯部　謹識

自 序

　　這本簿記，主要是為五年制商專的簿記課程而編的。五年制商專的興起而迅速發展，適與我國的經濟建設相配合。在五年制商專創設之初，便有講授簿記課程的友人，提及極需新編一本簿記教科書，去年承三民書局的敦邀，著手編撰。原以為操刀小試，不會太費時日，結果卻因題材的編排與內容問題，數度易稿。

　　本書除供五年制商專之用以外，在編撰時，並多方兼顧，希望達到下列目的：

　　1.這是一本比較新穎的簿記教科書，所以對於已經習過初級簿記的學生，進入商職或五年制專科者，仍屬甚有助益。初習簿記的，如果採用此書，當更可觀念正確。

　　2.可以供高商及一般高職的簿記課程作教本，因而非常注重實用，使已習本書的人，能夠單獨處理相當複雜的帳務。

　　3.特別重視實務，配合《商業會計法》及現行稅法，使一般小工商業的從業人員，可以用以研習、改進帳務及指導屬下的職員辦理帳務。

　　再者，現代的會計學，在教學上對於簿記的部份，各國都趨向減少。但我國的工商業不夠發達，研習會計的學生，在研讀會計學之前，往往未有簿記學識。近十年來，在大專講授會計學的同仁，認為宜使初習會計的學生，先行閱讀簿記一書，使之在借貸分錄帳務處理及會計報表上，具有基本的知識，但又恐簿記所述欠當，反致先入之見，以後不易改變。作者去年，樂於接受三民書局之約，編寫此書，也為了會計教學之故，想在簿記方面，使學者較有良好的根基。

　　本書承吳世仁棣及邵妙姿棣協助，得以早日脫稿，特此誌謝。初版刊行，
至祈各界惠賜匡正，任何批評與建議，均所銘感。

　　　　　　　　　　　　　　　　　　　　浦陽　盛禮約
　　　　　　　　　　　　　　　　　中華民國 56 年 8 月

商業簿記 下

目次

明細帳

第一節　概　述

　　總帳（General Ledger，簡寫為 GL）與明細帳（Subsidiary Ledger，簡寫為 SL），都是分類帳 (Ledger)，我國亦稱為分戶帳，其作用都是將會計事項分類歸集在一起，以便整理、分析、比較研究與編製清單 (Lists) 與報表 (Statements)，這是總帳與明細帳相同之處。

　　明細帳與總帳的不同，主要在於：

1. 總帳是全部會計事項借貸分錄的借方與貸方各筆,都要以過帳的方法,由序時帳過入總帳。明細帳則不然,僅對需要明細記載的會計事項,在過入總帳之外,另再過入明細帳。

2. 各總帳過帳以後,將科目的餘額彙總起來,仍會借貸兩相平衡。明細帳則是總帳的附屬帳,我國亦稱之為補助帳,乃是對總帳科目作更詳細的分類與記載。各明細帳分別附屬於其有關的總帳,例如應收帳款的全部明細帳,都附屬於應收帳款這個總帳科目,而應收帳款只是總帳許多科目中的一個,但在此科目下,卻可按需要而設立多個明細帳。而這些明細帳的餘額相加後,必須與總帳上應收帳款的餘額相等。此種相等的關係,稱為細總相馭,即以一個總帳科目統馭許多個明細帳目。

　　有明細帳的總帳科目，稱為統馭帳戶 (Controlling Account)，或稱為統制帳戶，簡稱時省卻「戶」字。

　　明細帳附屬於總帳。在全部總帳之中，常只有一小部份總帳科目有它附屬的明細帳。一個總帳科目只是將有關的會計事項歸集在一起，歸集的結果包括借餘、貸餘或是相平無餘。同理可得，這一總帳的明細帳，其各明細科目的餘額相加，也必然是隨著總帳而為借餘、貸餘或相平無餘。

🖋 第二節　明細記載的方式

會計事項常有予以明細記載的必要。在以前各章，已經出現過四種情況：

1. 單式簿記時，應收帳款與應付帳款，按往來的客戶，對每一客戶有明細的記載。

2. 在總帳裡面，設立多個科目以分別記載。例如上冊光隆紙行的營業費用科目，自 1101 號至 1128 號，共設了二十八個總帳科目。

3. 用備查簿記載，例如光隆紙行對貨品的記載，將各種紙張的購進、售出、退回及結存，予以明細記載。

4. 在借貸分錄的說明上，作明細的記載。例如光隆紙行進貨時載明所進的各類紙張。

會計事項明細的記載來源是原始憑證，例如進貨時的發票。簿記上的明細記載於簿記系統內的各階段與各簿籍，歸納如下圖：

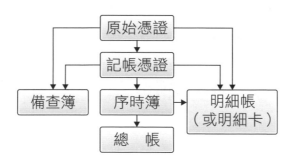

圖 10-1　明細記載的方式

根據上圖，明細記載有下列多種方式：

1. 記載在原始憑證或其附件之內。

2. 由原始憑證記入記帳憑證之內，或以有明細記載的原始憑證代替記帳憑證。

3.將明細由 2.的記帳憑證記入序時簿之內。

4.將明細由 3.的序時簿記入總帳之內。

5.設立備查簿予以明細記載。

6.設立明細帳或明細卡予以明細記載。

　　從以上的六種方式可以發現，原始憑證是明細記載的基本依據。實務上，時常採用有明細記載的原始憑證代替記帳憑證。至於序時簿，則在欲有明細記載時，常採用下列方法：

1.設立多本序時簿，對於欲有明細記載的會計事項，專設特種序時簿以資記載。例如對於銷貨，可設銷貨簿詳予記載。

2.使序時簿兼具備查簿的性質，所載的會計事項，在借貸分錄的會計科目之外，對於內容特予詳明記載。

　　備查簿的明細記載，可為：

1.敘述式：詳敘所載的事項。

2.多欄式：分設欄目，按欄載明。

3.分頁歸集記載。

　　備查簿作歸集的記載時，便在明細記載之外，兼有明細分類的作用。

🖊 第三節　明細分類

　　簿記的記載，主要有兩種：一種是序時記載，另一種是分類記載。採用單式簿記時，以序時記載為主、分類記載為輔。若採用雙式簿記則是二者兼重而脈絡一貫，由序時的原始記錄簿，過帳入分類的終結記錄簿。會計事項依賴分類歸集，始便整理與結計、分析與研究。

　　總帳的會計科目如果分得很細，則在總帳裡面便可達到明細分類的目的。將明細分類併在總帳裡時，有兩種辦法：

1.在總帳裡面多設科目：使每一科目與其他科目一樣，完全有相同的地

位。例如以光隆紙行為例，從 1101 號至 1128 號的費用科目，每一科目的地位都與資產類、負債類、權益類、收益類的科目，以及費用類的 1131 號各其他科目，完全相同。這一辦法，在小規模的營利事業，總帳科目不多的時候，尚屬可行。例如光隆紙行，應收帳款的客戶現在還只有幾個，尚可以將每一客戶列為總帳科目；貨品只有幾種，尚可以將每一種紙張列為總帳科目。可是，到了客戶增多、貨品種類增加的時候，便需採用下列方法。

2. 在總帳裡面設立一群科目：這群科目在結帳或必要時，便轉入另一個彙集科目。這種方法，通常僅用於損益類的科目，特別常用於費用科目。例如將光隆紙行自 1101 號至 1128 號的費用科目，另設一個 1100 號的總帳會計科目，科目名稱為營業費用。至結帳時，或是對全部總帳科目試算過帳之後是否仍屬借貸平衡時，將同一群的多個科目，彙集成一個科目，便可使結帳工作及試算手續簡化。

✒️ 第四節　明細科目

以上利用總帳以作明細分類的歸集，都有缺點。第一種方法將會使記帳過於繁複；第二種方法，一群科目在彙集至另一總帳科目時，那被彙集的一群科目，是將其餘額轉至該一總帳科目，本身便告結平，情形有如下例：假定昌明公司現在總帳上，有費用科目及過帳後的餘額如下：

薪資支出　#1101		印刷費　#1107		修繕費　#1117	
17,000		1,000		8,000	

勞務費　#1102		交際費　#1110		稅　捐　#1119	
3,000		1,000		600	

水電費　#1105	廣告費　#1112	團體會費　#1122
1,400	2,000	200

文具用品費　#1106	佣金支出　#1115	雜　　費　#1128
600	1,400	800

這些總帳科目，原來都是借方餘額科目，現在將之全部轉入營業費用科目，其分錄為：

借：　1100 營業費用　　　　37,000

貸：　1101 薪資支出　　　　　　　17,000

1102 勞務費　　　　　　　3,000

1105 水電費　　　　　　　1,400

1106 文具用品費　　　　　　600

1107 印刷費　　　　　　　1,000

1110 交際費　　　　　　　1,000

1112 廣告費　　　　　　　2,000

1115 佣金支出　　　　　　1,400

1117 修繕費　　　　　　　8,000

1119 稅捐　　　　　　　　　600

1122 團體會費　　　　　　　200

1128 雜費　　　　　　　　　800

於是，以上的每一費用帳戶，在貸方都過入了與借方相同的數額，使之借貸相等而結平，在總帳上便只看見營業費用這個帳戶彙總的餘額了。

這時候總帳上有關各種營業費用的科目，可以單獨設立一本費用總帳，與其他的總帳分開記載，以便在有較多的簿記員時，分工登帳管理。此時的總帳，費用方面的科目便需有二十九個之多，即在二十八個各種費用的科目之外，再加上營業費用這個彙總科目。此種方法的缺點是：

1. 總帳科目將會太多，費用的科目若分得較細時，便不止二十八個。尤其是貨品與應收帳款及應付帳款的客戶。例如美國海軍的各種用品，

曾達一百六十餘萬種。而大公司有幾千個客戶，也是很普通的事。

2. 有些成群的科目，一方面需要將全部科目結計出一個總額，或分別結計出數個總額；另一方面又需要隨時結計累計的餘額，例如一位注意費用開支的主管，或負責控制各項費用的人員，需要隨時知道某一項費用現在已用掉多少、是否為必要開支，以及推算今後還要用多少。此外，各項存貨及與各個客戶的往來帳戶，更需要隨時清楚知悉個別的餘額，不能只知彙集在一起的總額。

📝 第五節　統馭科目

簿記上為了補救上述作法的缺點，便將那一群一群的科目，降低一級，不與一般的總帳科目平行，而使之成為總帳下面的附屬科目，稱為明細科目。由於每一總帳科目，都有設置附屬科目的可能，所以每一總帳科目，都可以成為「統馭科目」。《商業會計法》第二十二條便是按照這一觀念而訂立的。此法條將分類帳簿分成下列二種：

1. 總分類帳簿：簡稱總帳，為記載各統馭科目而設者。
2. 明細分類帳簿：簡稱明細帳，為記載各統馭科目的明細科目而設者。

總帳與明細帳的關係可如下表示：

此外，明細科目本身，還可以按情形分為數級，此時有如下圖：

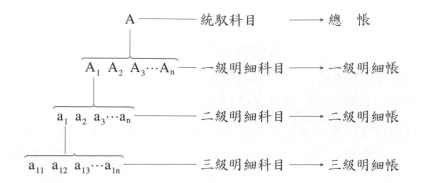

照理論而言，可以有許多級的明細科目，以資分層歸集。此時 a_1 是 a_{11}、a_{12} 至 a_{1n} 的統馭科目，A_1 是 a_1、a_2 至 a_n 的統馭科目，而 A 這個總帳科目，只是 A_1、A_2 至 A_n 的統馭科目。

現在以薪資支出科目為例：

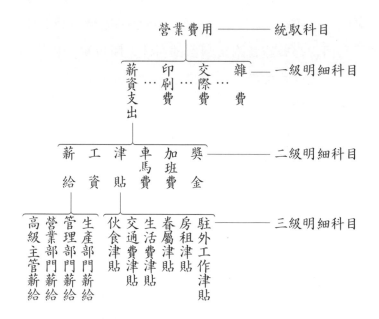

一般的機構，在多數情形之下，此時可以將二級以下的明細科目升級，以減少級數，例如將三級科目全行取消，成為：

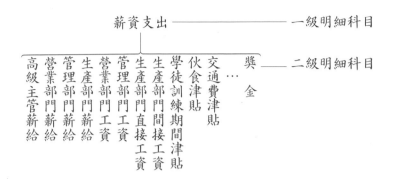

綜上所述，我們可歸納出：(1)一群明細科目之上，必有這一群明細科目的統馭者，稱為統馭科目。這群明細科目皆歸屬於其上一級統馭科目；(2)一群明細科目餘額的總和，必與其統馭科目的餘額相等。前節所述各種在簿記上作明細記載的多種方法，只有此種方法有細總相馭的功用，統馭帳的總數必與明細帳的各個細數的和相等，以資相馭，可藉此減少過帳上的錯誤。

第六節　明細科目的過帳

會計事項在用明細帳以作明細的分類歸集時，主要有二種過帳方法。本節先描述第一種方法，後面第九節再說明第二種方法。

第一種：以記帳憑證一方面記入序時簿而過入總帳，另一方面逐由記帳憑證過入明細帳。其簿記系統為：

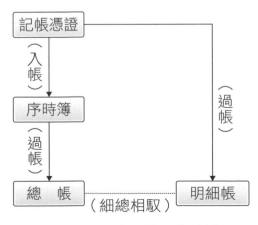

圖 10-2　明細科目的過帳

細總相馭的結果，也就是彼此牽制，較可防弊。茲將其過帳的情形，舉例如下，假設昌明公司經銷新出的飛輪牌機車，民國 103 年 1 月份，有下列許多筆的賒銷。收到貨款，均存銀行。

1/4　賒銷義美機車行 50cc 機車五輛，每輛 $8,000。

1/6　賒銷速達機車行 150cc 機車十輛，每輛 $13,000。

1/8　賒銷四海機車行 50cc 機車十輛，每輛 $8,000。

1/10　賒銷公平機車行 50cc 機車五輛，每輛 $8,000，150cc 機車五輛，每輛 $13,000，共 $105,000。

1/12　賒銷六合機車行 50cc 機車八輛，每輛 $8,000。

1/14　義美機車行付來貨款 $30,000，存入銀行，其再賒購 50cc 機車五輛、150cc 機車十輛，並開來第一銀行 #620 戶支票一紙，2 月 10 日到期，金額 $150,000。

1/15　速達機車行送來貨款 $80,000，其再賒購 150cc 機車五輛、50cc 機車十輛，價與前同。

1/17　賒銷永和機車行 150cc 機車五輛、50cc 機車五輛，價與前同。

1/18　賒銷寶島機車行 50cc 機車五輛，每輛 $8,000。

1/20　四海機車行送來貨款 $60,000，其再賒購 50cc 機車八輛。

1/22　公平機車行送來貨款 $100,000，其再賒購 50cc 及 150cc 機車各五輛。

1/24　賒銷景美機車行 50cc 機車五輛，每輛 $8,000。

1/26　六合機車行交來彰化銀行 #1081 戶 2 月 5 日期票一紙，金額 $64,000，其再賒購 50cc 及 150cc 機車各五輛。

1/28　速達機車行送來華南銀行 #135 戶 2 月 4 日期票一紙，金額 $100,000，其再賒購 150cc 及 50cc 機車各十輛。

1/30　賒銷中光機車行 50cc 及 150cc 機車各十輛，售價劃一不二，均與前同，收到該行開來臺灣銀行 #421 戶 2 月 6 日期票一紙，計

　　　　　$100,000，餘暫欠。

1/31　　賒銷基隆機車行 50cc 及 150cc 機車各五輛。

　　　　收到永和機車行交來貨款花旗銀行即期支票一紙計 $80,000，其

　　　　再賒購 150cc 及 50cc 機車各五輛。

　　這些往來的客戶，總帳上的統馭科目是應收帳款，下面統馭著各客戶的
明細帳，計有：

　　　　義美機車行

　　　　速達機車行

　　　　四海機車行

　　　　公平機車行

　　　　六合機車行

　　　　永和機車行

　　　　寶島機車行

　　　　景美機車行

　　　　中光機車行

　　　　基隆機車行

　　　　　⋮

　　這一些都是明細科目。記載這些明細科目的明細分類帳，因為是在應收
帳款這總帳科目的統馭之下，是它的明細帳，所以稱為應收帳款明細帳
(Accounts Receivable Subsidiary Ledger)。

　　由傳票而過入明細帳時，這時候的記帳憑證上面，在原有的一欄註明日
記簿上的登帳頁次。通常在「日頁」欄之外，再加一欄，有的稱之為「補頁」，
即補助分類帳的頁次，在過入明細帳的時候填列。有的則在傳票上供記帳填
列的地方，分為日記簿與明細帳二小欄，茲以昌明公司 1 月 4 日的帳款舉例
如下：

昌　明　公　司
轉　帳　傳　票

總 1 號
轉 1 號

中華民國 103 年 1 月 4 日

會計科目	摘　　要	記入帳頁		借方金額	貸方金額	附統一發票（副本）一張
		日記簿	明細帳			
應收帳款－義美機車行	賒銷飛輪牌 50cc 五輛 @$8,000，地址：臺北市重慶北路○○號	分 1	1001	40,000		
銷貨收入		分 1			40,000	
合　　計				$40,000	$40,000	

經理　　營業　　會計　　記帳　　覆核　　製票

　　將來記帳時，記日記帳的人與記明細帳的人都要蓋章。最好是將傳票複寫，記日記帳和記明細帳的各有一份，以便分工、迅速記載。

📝 第七節　明細帳頁

　　所用的明細帳頁，包括訂本式及活頁式，但通常是採用活頁式，較為便於整理。而且常有用卡片的，可以利用卡片的四邊，打孔或者剪角，以便進一步作各種的分類整理與歸集。例如對於應收帳款，可以按客戶的地區歸集、按交易金額的大小等級而歸集、按交易的次數多寡而歸集、按經手的營業員而歸集（以便核算佣金或獎金），以下是卡片剪角以助分類的一例。

（此處剪角，代表北區）

<table>
<tr>
<td colspan="6" align="center">昌　明　公　司
應　收　帳　款　明　細　卡
 客戶：義美機車行 #1001
地址：臺北市重慶北路〇〇號 </td>
</tr>
<tr>
<td colspan="3" align="center">103 年　傳　票</td>
<td rowspan="2" align="center">摘　要</td>
<td colspan="3" align="center">金　額</td>
</tr>
<tr>
<td>月</td>
<td>日</td>
<td>種類　號數</td>
<td>借　方</td>
<td>貸　方</td>
<td>餘　額</td>
</tr>
<tr>
<td></td>
<td></td>
<td></td>
<td></td>
<td></td>
<td></td>
<td></td>
</tr>
</table>

（此處剪角代表營業員甲）

（此處剪角代表臺北市）

　　此類剪角與標記，可以自行按照實際情況而設計。

　　實務上，明細帳的帳頁常與總帳的帳頁不分，可以彼此通用。不同的是，當明細帳直接由記帳憑證過入時，其帳頁須有填列傳票種類及號數的地方，與總帳帳頁上的填列日記簿的種類與頁次並不相同，宜加注意。下表為普通明細分類帳，請與總分類帳（第 17 頁）比較有何不同。

企　業　名　稱
普　通　明　細　分　類　帳
中華民國　　年度

第　　頁
編號＿＿＿＿
明細科目或戶名

<table>
<tr>
<td colspan="2" align="center">日期</td>
<td colspan="2" align="center">傳　票</td>
<td rowspan="2" align="center">摘　要</td>
<td colspan="4" align="center">金　額</td>
</tr>
<tr>
<td>月</td>
<td>日</td>
<td>種類</td>
<td>號數</td>
<td>借　方</td>
<td>貸　方</td>
<td>借或貸</td>
<td>餘　額</td>
</tr>
<tr>
<td></td><td></td><td></td><td></td><td></td><td></td><td></td><td></td><td></td>
</tr>
<tr>
<td></td><td></td><td></td><td></td><td></td><td></td><td></td><td></td><td></td>
</tr>
<tr>
<td></td><td></td><td></td><td></td><td>本月合計</td><td></td><td></td><td></td><td></td>
</tr>
<tr>
<td></td><td></td><td></td><td></td><td>本月底止累計</td><td></td><td></td><td></td><td></td>
</tr>
<tr>
<td></td><td></td><td></td><td></td><td></td><td></td><td></td><td></td><td></td>
</tr>
</table>

說　明

一、本帳係就資產負債各總帳科目為明細分類或分戶登記的簿籍。除因業務上需要，對某項總帳科目的明細分類（戶）帳，另行規定其格式者外，本帳格式均適用之。

二、本帳上端的編號明細科目或戶名及年度，均須於開帳時填明。

三、本帳依各科目的明細科目分戶，每一明細科目設立一戶。

四、本帳根據記帳憑證登記之。

五、本帳每月結總一次。

各明細帳頁在記載時，須照《商業會計法》第二十六條的規定。

1. 人名帳戶：主要是應收與應付的往來客戶，應載明其人（包括自然人及法人）的真實姓名，不可用代名或假名，並應在分戶帳內註明其住所，倘為共有人（主要為共管的產業）的帳戶，應載明代表人的真實姓名及住所。

2. 財物帳戶：主要是存貨及固定資產等，應載明其名稱、種類、價格、數量及其存置地點。

第八節　由傳票過入明細帳

假定昌明公司設分錄日記簿及現金簿各一本，103 年 1 月份除前列銷貨等的轉帳分錄外，無其他轉帳分錄。在收入方面，除銷貨所收貨款之外，也無其他收入，則可登載其序時帳簿如下：

昌　明　公　司
分　錄　日　記　簿
中華民國 103 年度　　　　　　　　　　　　　　　第 1 頁

月	日	傳票號數	會計科目	摘　　要	總頁	借方金額	貸方金額
1	4	轉 1	應收帳款	賒銷義美行 50cc	6	$ 40,000 00	
			銷貨收入	五輛	61		$ 40,000 00
	6	轉 2	應收帳款	賒銷速達行 150cc	6	130,000 00	
			銷貨收入	十輛	61		130,000 00
	8	轉 3	應收帳款	賒銷四海行 50cc	6	80,000 00	
			銷貨收入	十輛	61		80,000 00
	10	轉 4	應收帳款	賒銷公平行 50cc	6	105,000 00	
			銷貨收入	及 150cc 各五輛	61		105,000 00
	12	轉 5	應收帳款	賒銷六合行 50cc	6	64,000 00	
			銷貨收入	八輛	61		64,000 00
			轉　　下　　頁			$419,000 00	$419,000 00

月	日	傳票號數	會計科目	摘　　要	總頁	借方金額		貸方金額	
				承　前　頁		$ 419,000	00	$ 419,000	00
1	14	轉 6	應收帳款	賒銷義美行 50cc	6	20,000	00		
			應收票據	五輛、150cc 十輛,	8	150,000	00		
			銷貨收入	一部份收 2/10 期	61			170,000	00
				票					
	15	轉 7	應收帳款	賒銷速達行 150cc	6	145,000	00		
			銷貨收入	五輛、50cc 十輛	61			145,000	00
	17	轉 8	應收帳款	賒銷永和行 150cc	6	105,000	00		
			銷貨收入	及 50cc 各五輛	61			105,000	00
	18	轉 9	應收帳款	賒銷寶島行 50cc	6	40,000	00		
			銷貨收入	五輛	61			40,000	00
	20	轉 10	應收帳款	賒銷四海行 50cc	6	64,000	00		
			銷貨收入	八輛	61			64,000	00
	22	轉 11	應收帳款	賒銷公平行 50cc	6	105,000	00		
			銷貨收入	及 150cc 各五輛	61			105,000	00
	24	轉 12	應收帳款	賒銷景美行 50cc	6	40,000	00		
			銷貨收入	五輛	61			40,000	00
	26	轉 13	應收票據	六合行交來 2/5	8	64,000	00		
			應收帳款	期票一紙	6			64,000	00
		轉 14	應收帳款	賒銷六合行 50cc	6	105,000	00		
			銷貨收入	及 150cc 各五輛	61			105,000	00
	28	轉 15	應收票據	速達行交來 2/4	8	100,000	00		
			應收帳款	期票一紙	6			100,000	00
		轉 16	應收帳款	賒銷速達行 150cc	6	210,000	00		
			銷貨收入	及 50cc 各十輛	61			210,000	00
	30	轉 17	應收帳款	賒銷中光行 50cc	6	110,000	00		
			應收票據	及 150cc 各十輛,	8	100,000	00		
			銷貨收入	收 2/6 期票一紙	61			210,000	00
				轉　下　頁		$1,777,000	00	$1,777,000	00

第 3 頁

月	日	傳票號數	會計科目	摘 要	總頁	借方金額	貸方金額
				承 前 頁		$1,777,000 00	$1,777,000 00
1	31	轉 18	應收帳款	賒銷基隆行 50cc	6	105,000 00	
			銷貨收入	及 150cc 各五輛	61		105,000 00
		轉 19	應收帳款	賒銷永和行 150cc	6	105,000 00	
			銷貨收入	及 50cc 各五輛	61		105,000 00

　　1 月底的時候，可能按月結帳，尚有其他的轉帳分錄，所以第 3 頁暫不必結計總數。從以上許多筆有關應收帳款的分錄，可以看出許多借貸科目相同的分錄，在簿記上予以簡化，此將在下一章詳細說明。

　　除了分錄日記簿的記載之外，還有現金簿的記載。由於相關的會計事項只有收到現金貨款，所以只列出現金簿收方的記載如下：

昌 明 公 司

現 金 簿

收方　　　　　　　　　　中華民國 103 年度　　　　　　　　　　第 1 頁

月	日	傳票號數	貸方科目	摘 要	總頁	金 額
1	14	收 1	應收帳款	義美行	6	$ 30,000 00
	15	收 2	應收帳款	速達行	6	80,000 00
	20	收 3	應收帳款	四海行	6	60,000 00
	22	收 4	應收帳款	公平行	6	100,000 00
	31	收 5	應收帳款	永和行	6	80,000 00

　　照上述記載，總帳中的應收帳款在過帳後當如下所示：

昌　明　公　司
總　分　類　帳
中華民國 103 年度

科目：應收帳款
編號：　　6
頁次：　6-1

月	日	日記簿		摘　　要	金　　額					
		種類	頁數		借　　方		貸　　方		借或貸	餘　　額	
1	4	分	1	義美行	$ 40,000	00			借	$ 40,000	00
	6	分	1	速達行	130,000	00			借	170,000	00
	8	分	1	四海行	80,000	00			借	250,000	00
	10	分	1	公平行	105,000	00			借	355,000	00
	12	分	1	六合行	64,000	00			借	419,000	00
	14	分	1	義美行	20,000	00			借	439,000	00
	14	現	1	義美行			$ 30,000	00	借	409,000	00
	15	分	1	速達行	145,000	00			借	554,000	00
	15	現	1	速達行			80,000	00	借	474,000	00
	17	分	1	永和行	105,000	00			借	579,000	00
	18	分	2	寶島行	40,000	00			借	619,000	00
	20	分	2	四海行	64,000	00			借	683,000	00
	20	現	1	四海行			60,000	00	借	623,000	00
	22	分	2	公平行	105,000	00			借	728,000	00
	22	現	1	公平行			100,000	00	借	628,000	00
	24	分	2	景美行	40,000	00			借	668,000	00
	26	分	2	六合行			64,000	00	借	604,000	00
	26	分	2	六合行	105,000	00			借	709,000	00
	28	分	2	速達行			100,000	00	借	609,000	00
	28	分	2	速達行	210,000	00			借	819,000	00
	30	分	2	中光行	110,000	00			借	929,000	00
	31	分	3	基隆行	105,000	00			借	1,034,000	00
	31	分	3	永和行	105,000	00			借	1,139,000	00
	31	現	1	永和行			80,000	00	借	1,059,000	00

　　由於應收帳款是借方餘額科目，除極特殊而偶然的情形之外，恆為借方，故借與貸欄可以省略不填，其所統馭的明細帳亦然。昌明公司應收帳款的各明細帳戶，過帳後當如下所示：

昌 明 公 司
應 收 帳 款 明 細 帳

帳號 1001

客戶：義美行　　　　地址：臺北市重慶北路○○號　　　第 1 頁

月	日	傳票號數	摘　要	金　額 借　方	貸　方	借或貸	餘　額
1	4	轉 1	賒銷 50cc 五輛	$40,000 00		借	$40,000 00
	14	轉 6	50cc 五輛、150cc 十輛的部份欠款	20,000 00		借	60,000 00
	14	收 1	交來貨款		$30,000 00	借	30,000 00

　　以下的帳頁為便於舉例，省略公司名稱、明細帳名稱，以及餘額前「借或貸」欄的填列。

帳號 1002

客戶：速達行　　　地址：臺北市南京東路二段○○號　　　第 1 頁

月	日	傳票號數	摘　要	金　額 借　方	貸　方	借或貸	餘　額
1	6	轉 2	150cc 十輛	$130,000 00			$130,000 00
	15	轉 7	150cc 五輛、50cc 十輛	145,000 00			275,000 00
	15	收 2	來款		$ 80,000 00		195,000 00
	28	轉 15	交來 2/4 期票一紙		100,000 00		95,000 00
	28	轉 16	150cc 及 50cc 各十輛	210,000 00			305,000 00

帳號 1003

客戶：四海行　　　地址：臺北市羅斯福路三段○○號　　　第 1 頁

月	日	傳票號數	摘　要	金　額 借　方	貸　方	借或貸	餘　額
1	8	轉 3	50cc 十輛	$80,000 00			$ 80,000 00
	20	轉 10	50cc 八輛	64,000 00			144,000 00
	20	收 3	來款		$60,000 00		84,000 00

帳號 1004

客戶：公平行　　地址：臺北市延平北路一段○○號　　第 1 頁

月	日	傳票號數	摘要	金額			
				借方	貸方	借或貸	餘額
1	10	轉 4	50cc 及 150cc 各五輛	$105,000 00			$105,000 00
	22	轉 11	50cc 及 150cc 各五輛	105,000 00			210,000 00
	22	收 4	來款		$100,000 00		110,000 00

帳號 1005

客戶：六合行　　地址：臺北市南昌街一段○○號　　第 1 頁

月	日	傳票號數	摘要	金額			
				借方	貸方	借或貸	餘額
1	12	轉 5	50cc 八輛	$ 64,000 00			$ 64,000 00
	26	轉 13	交來 2/5 期票一紙		$64,000 00		－
	26	轉 14	50cc 及 150cc 各五輛	105,000 00			105,000 00

帳號 1006

客戶：永和行　　地址：新北市永和區永和路二段○○號　　第 1 頁

月	日	傳票號數	摘要	金額			
				借方	貸方	借或貸	餘額
1	17	轉 8	150cc 及 50cc 各五輛	$105,000 00			$105,000 00
	31	轉 19	150cc 及 50cc 各五輛	105,000 00			210,000 00
	31	收 5	來款		$80,000 00		130,000 00

帳號 1007

客戶：寶島行　　地址：臺北市中正路○○號　　第 1 頁

月	日	傳票號數	摘要	金額			
				借方	貸方	借或貸	餘額
1	18	轉 9	50cc 五輛	$40,000 00			$40,000 00

帳號 1008

客戶：景美行　　　地址：臺北市文山區景文街○○號　　第 1 頁

月	日	傳票號數	摘　要	金　額			
				借　方	貸　方	借或貸	餘　額
1	24	轉 12	50cc 五輛	$40,000 00			$40,000 00

帳號 1009

客戶：中光行　　　地址：臺北市光復北路 190 巷○○號　　第 1 頁

月	日	傳票號數	摘　要	金　額			
				借　方	貸　方	借或貸	餘　額
1	30	轉 17	50cc 及 150cc 各十輛，收 2/6 期票，餘欠	$110,000 00			$110,000 00

帳號 1010

客戶：基隆行　　　地址：臺北市基隆仁二路○○號　　第 1 頁

月	日	傳票號數	摘　要	金　額			
				借　方	貸　方	借或貸	餘　額
1	31	轉 18	50cc 及 150cc 各五輛	$105,000 00			$105,000 00

　　應收帳款的明細帳常用打字或複寫，到月終的時候，送一份予客戶，稱為「對帳單」。定期與客戶對帳，可以早日發覺彼此記帳上的錯誤，藉此尋求彼此不符的原因，以降低舞弊發生的風險。

　　應收帳款是因銷貨而發生的會計事項。銷貨時恆有發票 (Invoice) 開出，所以在應收帳款明細帳上，常將發票號數 (Invoice No.) 列入，或者設專欄，方便記載發票號數。臺灣地區現在各業使用統一發票 (Uniform Invoice)，須注意統一發票的使用條例，以免受罰。

✒ 第九節　由序時簿過入明細帳

沿續第六節，第二種過入明細帳的方法，是由序時簿過入明細帳，這時的簿記系統，有如下圖：

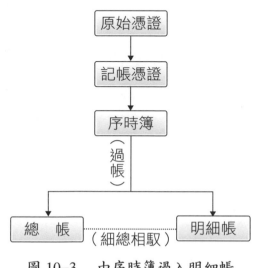

圖 10-3　由序時簿過入明細帳

茲將昌明公司 103 年 1 月份的資料，改由序時簿過入總帳。此時的記帳憑證，便不需記入明細帳頁的傳票號數欄，應另設日記簿類頁欄記入。

這時候在序時簿所記載的會計科目，通常會使用明細科目。在序時簿記載過入總頁的欄中，填註所過總帳的頁號之外，另加註「✓」記號，表示明細帳業已過訖。此一欄因而可稱為「過頁」，即過入總帳頁次的簡稱，昌明公司分錄日記簿的第 1 頁，因而記載如下：

昌 明 公 司

分 錄 日 記 簿

中華民國 103 年度　　　　　　　　　　　　第 1 頁

月	日	傳票號數	會計科目	摘　　要	過頁	借方金額		貸方金額	
1	4	轉 1	義美行	50cc 五輛	6✓	$ 40,000	00		
			銷貨收入		61			$ 40,000	00
	6	轉 2	速達行	150cc 十輛	6✓	130,000	00		
			銷貨收入		61			130,000	00
	8	轉 3	四海行	50cc 十輛	6✓	80,000	00		
			銷貨收入		61			80,000	00
	10	轉 4	公平行	50cc 及 150cc 各五輛	6✓	105,000	00		
			銷貨收入		61			105,000	00
	12	轉 5	六合行	50cc 八輛	6✓	64,000	00		
			銷貨收入		61			64,000	00
	14	轉 6	義美行	50cc 五輛、150cc 十輛	6✓	20,000	00		
			應收票據		8	150,000	00		
			銷貨收入		61			170,000	00
	15	轉 7	速達行	150cc 五輛、50cc 十輛	6✓	145,000	00		
			銷貨收入		61			145,000	00
	17	轉 8	永和行	150cc 及 50cc 各五輛	6✓	105,000	00		
			銷貨收入		61			105,000	00
				轉　下　頁		$839,000	00	$839,000	00

　　對於分錄日記簿的記載，有的在分錄與分錄之間空一行，使上下二個分錄截然分明。可是在我國的實務上，通常都不在分錄之間留空一行。

　　由序時簿過入明細帳時，明細帳頁的普通格式，便與總帳的帳頁完全相同。以義美行為例，由分錄日記簿第 1 頁過入的情形如下所示：

昌　明　公　司
應　收　帳　款　明　細　帳

帳號 1001

客戶：義美行　　　　　　地址：臺北市重慶北路〇〇號　　　第 1 頁

月	日	日記簿		摘　　　要	金　　　額					
		種類	頁數		借　　　方		貸　　　方	借或貸	餘　　　額	
1	4	分	1	50cc 五輛	$40,000	00			$40,000	00
	14	分	1	50cc 五輛及 150cc 十輛，交期票外尚欠	20,000	00			60,000	00

📝 第十節　細總相馭

　　一群明細帳餘額所結計的數額，必與其統馭科目的餘額相等，稱為細總相馭。昌明公司 1 月 31 日應收帳款明細帳各戶的餘額為：

1001	義美行	$　　30,000
1002	速達行	305,000
1003	四海行	84,000
1004	公平行	110,000
1005	六合行	105,000
1006	永和行	130,000
1007	寶島行	40,000
1008	景美行	40,000
1009	中光行	110,000
1010	基隆行	105,000
	合　　　計	$1,059,000

　　這一合計之數，與總帳上的應收帳款餘額相等。不論是否在月底結帳，凡是總帳與明細帳俱已同時過帳完畢，必然是細總相等的，例如在 1 月 20 日過帳完畢時，各明細戶的餘額為：

1001	義美行	$ 30,000
1002	速達行	195,000
1003	四海行	84,000
1004	公平行	105,000
1005	六合行	64,000
1006	永和行	105,000
1007	寶島行	40,000
1008	景美行	
1009	中光行	尚未發生交易
1010	基隆行	
合　計		$623,000

　　這與總帳上 1 月 20 日的餘額相等。明細帳列出清單與總帳核對，不但可以由查核而確知結計的總額與總帳總額是否相符，而且可以供管理方面的核閱。例如昌明公司，以上例 1 月 20 日的各客戶欠額清單與 1 月 31 日的各客戶欠額清單兩相對照而觀，則顯見有因業務的發展而客戶增多、欠額增加，公司便需更多的資金以供週轉，另外可發現速達行所欠最鉅，其進貨總額有大幅增加的趨勢，顯示這是一個業務上的重要客戶而需多加留意。

一、問答題

1. 明細帳與總帳的不同，主要在什麼地方？

2. 何謂統馭科目？

3. 統馭科目是否限於總帳科目？

4. 簿記上明細記載的方法有哪幾種？

5. 簿記上明細分類歸集的記載方法有哪幾種？

6. 將會計事項過入明細分戶帳，主要有哪二種方法？

7. 用備查簿或備查卡作明細記載時，有哪幾種方式？

8.總帳多設科目，有何不利之處？

9.何謂細總相馭？有何功用？

二、選擇題

（　）1.設置明細帳之目的，在表達下列何者之明細狀況？

　　　(A)某一天　(B)某一期間　(C)某一科目　(D)某一帳簿　　　【丙級技術士檢定】

（　）2.設立不動產、廠房及設備明細帳之目的不是為了：

　　　(A)便於編表　(B)簡化記錄　(C)估計資產價值　(D)加強不動產廠房及設備之控

　　　管　　　　　　　　　　　　　　　　　　　　　　　　　　　【丙級技術士檢定】

（　）3.下列敘述何者正確？

　　　(A)明細帳及統制帳戶均不須逐筆過帳　(B)明細帳及統制帳戶均須每日過帳

　　　(C)明細帳必須逐筆過帳　(D)統制帳戶是根據明細帳之總額過帳

　　　　　　　　　　　　　　　　　　　　　　　　　　　　　　　【丙級技術士檢定】

（　）4.平時即設有存貨明細帳，隨時可由明細帳記錄得知存貨結存數的盤存方法為：

　　　(A)永續盤存制　(B)實地盤存制　(C)定期盤存制　(D)混合制

　　　　　　　　　　　　　　　　　　　　　　　　　　　　　　　【丙級技術士檢定】

（　）5.下列有關應收帳款檔之敘述何者正確？

　　　(A)相當於人工作業時的應收帳款總帳　(B)其主要內容包括付款通知單編號及

　　　支票號碼　(C)相當於人工作業時的應收帳款明細帳　(D)其主要內容包括存貨

　　　的交易數量及銷貨金額　　　　　　　　　　　　　　　　　　【丙級技術士檢定】

（　）6.如系統有明細分類帳之工作視窗，則應付帳款的餘額為下列哪項之計算結果？

　　　(A)期初＋借方＋貸方　(B)借方＋貸方　(C)期初＋貸方－借方　(D)貸方－借方

　　　　　　　　　　　　　　　　　　　　　　　　　　　　　　　【丙級技術士檢定】

（　）7.編製餘額式試算表時，係彙列：

　　　(A)總分類帳及明細分類帳各帳戶之餘額　(B)總分類帳各帳戶餘額　(C)總分類

　　　帳各帳戶之總額　(D)總分類帳各帳戶之總額及餘額　　　　　【丙級技術士檢定】

（　）8.明細分類帳又稱為：

(A)備查簿　(B)序時帳簿　(C)原始帳簿　(D)補助帳簿　　【丙級技術士檢定】

(　　) 9.設置明細分類帳之科目為：

(A)資產帳戶　(B)負債帳戶　(C)費用帳戶　(D)任何帳戶均可

【丙級技術士檢定】

(　　) 10.下列何者通常不設置明細分類帳？

(A)應收帳款　(B)應付帳款　(C)銀行存款　(D)用品盤存　　【丙級技術士檢定】

三、練習題

1.試按由序時帳簿過入明細帳的方法，將本章昌明公司 103 年 1 月份的資料，記載其分錄日記簿及其現金簿的各筆分錄，並將有關應收各客戶帳款的事項，過入其應收帳款明細帳。

過帳完畢後，試與本章由記帳憑證過入者相比較，有何不同？並彙列 1 月 24 日過帳完畢後的客欠清單，以與該日統馭科目的餘額相比較。

2.將上一章光隆紙行例內的資料，作為由記帳憑證逕行過入下列二本明細帳：

(1)應收帳款明細帳。

(2)應付帳款明細帳。

並以過帳完畢後 12 月 31 日的各戶餘額，列出清單與各該統馭科目的餘額相核對。

3.將上一章習題內大光商行的資料，作為由序時帳過入下列二本明細帳：

(1)應收帳款明細帳。

(2)應付帳款明細帳。

其各往來客戶地址在原習題上未詳予載明者，可自行假定而載入之。

4.將上一章光隆紙行例內的各項費用，改為明細科目，在總帳內改設編號第 91 號的科目，名為營業費用。試：

(1)按由記帳憑證逕行過入明細帳的辦法，記載該行的序時帳簿，假定除分錄日記簿之外，另設現金與銀行往來分列兩欄的現金簿。凡與費用無關的分錄，都可略去不載。

(2)再以之改按由序時簿過入明細帳的辦法，記載其序時簿。

注意：

(1)在記帳憑證逐行過入明細帳時，一筆借貸分錄倘包括多項費用，在序時簿上，均可歸併而逕記營業費用科目，例如該紙行 12 月下旬的各項開支共 $15,200，在現金簿上便僅需記借方科目營業費用 $15,200，此時便不必將費用逐項列出，可以精簡序時簿的記載。但在由序時簿過入明細帳時，便無此便利性。作此習題時，須對此多加留意。

(2)此時營業費用為新添科目，總帳號次為 91。

(3)由序時簿過入明細帳時，為使總帳過帳方便，可在序時簿記載為：

科　　　目	過　頁	（借方金額）
水電費	105	
文具用品費	106	$15,200
⋮	⋮	

以省卻逐筆過入總帳之繁。

Memo

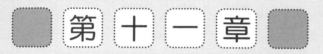

第十一章

專　欄

🖊 第一節　專　欄

簿記的記載，一方面是對會計事項作完整的記錄，以資保存實況；另一方面則是分類歸集，以便提供資料。簿記上一般的處理方法為：以序時簿將會計事項作完整的記錄，而總分類帳及明細分類帳則作為分類歸集的工具。以下，將介紹另一種分類歸集的工具——專欄 (Special Column)。

在以前所述的各章，已有三處用了專欄：

1. 在單式簿記時，現金簿內，收入方面設了「銷貨」專欄，專載銷貨的現金收入；支出方面設了「進貨」專欄，專載現金進貨時的支付。

2. 在第八章，現金日記簿內，收支雙方都分設現金欄及銀行存款欄，使一欄專載現金的收或付，另一欄專載銀行存款的存入與支用。

3. 在第九章，提及存貨的備查卡 (即存貨計數卡)，係按每種紙張分設專欄。

此外，在第一章的習題中，對於家用帳也採用專欄式的記載。

🖊 第二節　專欄的功用

簿記上常用設置專欄的方法，其功用為：

1. 便於分類歸集：例如單式簿記可由現金收入的銷貨欄，隨時結計，便可知現金銷貨收入至結計時止，已有若干。

2. 便於彙集過帳：例如現金簿分為現金與銀行存款二欄時，現金與銀行存款，便不必一筆一筆過入總帳，只需將各該欄彙集的總數，一次過入總帳。

專欄的分類歸集，可以是純為借或貸的一方，例如現金簿設於收方或付方的專欄；也可以是借貸綜合在一專欄之內，例如存貨備查簿所舉例的各種

紙張，購進與銷售都是在同一專欄之內。

透過分類歸集，就可有效率的取得資料。例如銷貨已銷若干？某種貨品已銷若干？尚存若干？都是管理上常需知悉的資訊。企業的管理者對於這類問題，常會向簿記員詢問。所以在簿記上恆宜多多利用專欄。不但可以節省記帳與過帳的手續與時間，而且可以有效率地提供資料，以供管理之助。

第三節　序時簿上的專欄

藉由在帳簿上設置專欄，可以使記帳工作變得更簡捷。

上一章，在昌明公司的例子中，分錄日記簿上有許多相同的借貸分錄，是逐一過帳的。如果採用專欄，工作便可簡省。茲將該例記入分錄日記簿上的各分錄，改用專欄式的日記簿 (Columnal Journal) 記載於下，以供比較：此例在分錄日記簿內，借方科目以應收帳款為最多，貸方科目以銷貨占多數，故借方設專記應收帳款的專欄，貸方設專記銷貨的專欄。本例假定明細帳係經過序時簿而登入。

昌 明 公 司

分 錄 日 記 簿

中華民國 103 年度　　　　　　　　　　第 1 頁

月	日	傳票號數	會計科目	摘　要	過頁	借方金額 應收帳款		其　他		貸方金額 銷貨收入		其　他	
1	4	轉 1	義美行	50cc 五輛	1001	$ 40,000	00						
			銷貨收入		✓					$ 40,000	00		
	6	轉 2	速達行	150cc 十輛	1002	130,000	00						
			銷貨收入		✓					130,000	00		
	8	轉 3	四海行	50cc 十輛	1003	80,000	00						
			銷貨收入		✓					80,000	00		
	10	轉 4	公平行	50cc 及 150cc 各五輛	1004	105,000	00						
			銷貨收入		✓					105,000	00		
	12	轉 5	六合行	50cc 八輛	1005	64,000	00						
			銷貨收入		✓					64,000	00		
	14	轉 6	義美行	50cc 五輛及 150cc 十輛，一部份交 2/10 期票	1001	20,000	00						
			應收票據		8			$150,000	00				
			銷貨收入		✓					170,000	00		
	15	轉 7	速達行	150cc 五輛及 50cc 十輛	1002	145,000	00						
			銷貨收入		✓					145,000	00		
	17	轉 8	永和行	150cc 及 50cc 各五輛	1006	105,000	00						
			銷貨收入		✓					105,000	00		
				轉　下　頁		$689,000	00	$150,000	00	$839,000	00	—	

此時須注意，如果一筆分錄的借貸方都已載入序時簿，則借方各欄金額合計之數，必須與貸方各欄金額合計之數相等。以下接續第 2 頁的記載：

月	日	傳票號數	會計科目	摘要	過頁	借方金額		貸方金額	
						應收帳款	其他	銷貨收入	其他
				承 前 頁		$ 689,000 00	$150,000 00	$ 839,000 00	−
1	18	轉 9	寶島行	50cc 五輛	1007	40,000 00			
			銷貨收入		✓			40,000 00	
	20	轉 10	四海行	50cc 八輛	1003	64,000 00			
			銷貨收入		✓			64,000 00	
	22	轉 11	公平行	50cc 及 150cc 各五輛	1004	105,000 00			
			銷貨收入		✓			105,000 00	
	24	轉 12	景美行	50cc 五輛	1008	40,000 00			
			銷貨收入		✓			40,000 00	
	26	轉 13	應收票據	交來 2/5 期票一紙	8		64,000 00		
			六合行		6/1005				$ 64,000 00
		轉 14	六合行	50cc 及 150cc 各五輛	1005	105,000 00			
			銷貨收入		✓			105,000 00	
	28	轉 15	應收票據	交來 2/4 期票一紙	8		100,000 00		
			速達行		6/1002				100,000 00
		轉 16	速達行	150cc 及 50cc 各十輛	1002	210,000 00			
			銷貨收入		✓			210,000 00	
	30	轉 17	中光行	50cc 及 150cc 各十輛,收 2/6 期票,餘欠	1009	110,000 00			
			應收票據		8		100,000 00		
			銷貨收入		✓			210,000 00	
				轉 下 頁		$1,363,000 00	$414,000 00	$1,613,000 00	$164,000 00

第 2 頁轉下頁的數,借方合計與貸方合計相等,即:

$$1,363,000 + 414,000 = 1,613,000 + 164,000$$

$$1,777,000 = 1,777,000$$

以下續載第 3 頁。

月	日	傳票號數	會計科目	摘　　要	過頁	借方金額		貸方金額	
						應收帳款	其　他	銷貨收入	其　他
1	31	轉 18	基隆行	承　前　頁		$1,363,000 00	$414,000 00	$1,613,000 00	$164,000 00
				50cc　　　及	1010	105,000 00			
			銷貨收入	150cc 各 五	✓			105,000 00	
				輛					
	31	轉 19	永和行	50cc　　　及	1006	105,000 00			
			銷貨收入	150cc 各 五	✓			105,000 00	
				輛					
				合　　　計		$1,573,000 00	$414,000 00	$1,823,000 00	$164,000 00
						(6)		(61)	

　　此時的過帳，在其他欄內的仍是逐筆過帳，但設有專欄的，便只須在期末合計的時候，一次過入總帳。所以借方合計的應收帳款 $1,573,000，便一次過入總帳的第 6 號帳頁，不必像上一章的舉例，一共過了十七筆。貸方合計的銷貨 $1,823,000，也只須一次過入總帳的第 61 號帳頁，而不必按十七筆銷貨，分十七次過入總帳。所以序時簿設了專欄之後，過入總帳的工作，便可大為節省，因為這時的序時簿，已經擔當起了一部份分類歸集的工作，即是將設有專欄的會計科目，用專欄予以歸集了。

　　設有專欄的科目，不必逐筆過帳，所以銷貨的各筆，在「過頁」欄對過入總帳時的填註，只須打上「✓」號便可。應收帳款在本例係由序時簿記入明細帳，所以總帳雖不必逐筆過入，而明細帳仍須逐筆過帳，方能使明細帳有詳細分戶的記錄，此時的「過頁」欄，便可利用以填記過入明細帳頁時的明細帳號碼。

　　要注意的是，應收帳款現在只在借方金額下設立專欄，所以遇到貸方金額的應收帳款時，不可以將之記在借方的專欄之內。同時由於貸方金額下並未替應收帳款設立專欄，這時貸方金額的應收帳款，便需記入貸方的其他欄內。凡其他欄內的，仍須逐筆過帳，記入其他欄內的應收帳款，因而也仍需逐筆過入總帳。昌明公司 1 月 26 日的轉字第 13 號傳票與 1 月 28 日轉字第

15 號傳票，便是這種情形的例子。此時在過帳時，需過入總帳，也需過入明細帳，所以在「過頁」欄內的註記，一方面記明總帳的頁號，一方面也記明該筆所過入的明細帳的帳號。

　　這時總帳的應收帳款，在過入分錄日記簿的有關金額後，如下所示：假定現金簿仍照上一章的方式記載及過帳，請兩相比較有何不同。

昌　明　公　司
總　分　類　帳
中華民國 103 年度

科目：應收帳款
編號：　　　6
頁次：　　6-1

月	日	日記簿 種類	日記簿 頁數	摘　　要	金額 借方		金額 貸方		借或貸	餘　　額	
1	14	現	1	義美行			$ 30,000	00			
	15	現	1	速達行			80,000	00			
	20	現	1	四海行			60,000	00			
	22	現	1	公平行			100,000	00			
	26	分	2	六合行			64,000	00			
	28	分	2	速達行			100,000	00			
	31	現	1	永和行			80,000	00	貸	$ 514,000	00
	31	分	3	本月過入	$1,573,000	00			借	1,059,000	00

　　從上例中可發現序時簿設立專欄後，在總帳帳頁的記載上，與上一章的記載，有重要的不同：

1. 記載簡化，原來過帳記載了二十四筆，現在已減為八筆。如果現金簿也設專欄，則筆數還可更精簡，即由現金簿過入的五筆，也將合併而僅過一筆了。

2. 過入總帳的會計事項，先在序時簿有專欄予以歸集，所以過到總帳的會計事項，不像上一章的例子，有時間上的先後排序。本例總帳上應收帳款第一筆過入的，乃是 1 月 14 日的一筆。如果現金簿也設應收帳款專欄而至月底才過一筆合計之數，則本例第一筆過入的，將是 1 月

26 日六合行的那一筆了。

3. 由於過入總帳的會計事項已無時間先後的意義，所以一個借方餘額的科目，極可能像本例一樣先過入了貸方的金額，以致在未將專欄的合計數過入之前，反成了貸方餘額。一個貸方餘額的科目，也會發生同樣的情形。所以尚未將序時簿的專欄合計數過入總帳以前，其總帳帳頁上的餘額，是沒有意義的。因此，總帳上該科目的餘額常可空而不計。

4. 序時簿上有了專欄之後，會計事項的一部份逐筆過入總帳，一部份卻要到期末或月底結計之後，一次過入總帳。所以平時過入總帳的金額，只是各借貸平衡分錄中的一部份，並未完全過帳，所以在平時過帳之後，將總帳各帳戶的餘額分別彙為借方總額與貸方總額時，二者不會相等，必須將尚未過入總帳的專欄數額加入，才能使總帳上的全部借方總額與貸方總額相等。

5. 經過序時簿結計而一次過入總帳，其對應的摘要欄已難以顯示其龐雜的交易內容，所以這時的總帳帳頁，在摘要欄便需更簡略，或完全省卻不記。

假若昌明公司的現金簿，亦設專欄以記載經由應收帳款而收得的現金 $350,000，其總分類帳內的應收帳款過入的情形，將如下所示：

昌 明 公 司
總 分 類 帳
中華民國 103 年度

科目: 應收帳款
編號: 6
頁次: 6-1

月	日	日記簿 種類	日記簿 頁次	摘 要	金 額 借 方	金 額 貸 方	借或貸	餘 額
1	26	分	2	六合行交來期票		$ 64,000 00		
	28	分	2	速達行交來期票		100,000 00	貸	$ 164,000 00
	31	現	1	本月客帳收現		350,000 00	貸	514,000 00
	31	分	3	本月銷貨客欠	$1,573,000 00		借	1,059,000 00

此時總帳過入的筆數，便更少了。

🖊 第四節　多欄式日記簿

使用單式簿記時，現金簿是帳簿的主體，這一本現金簿可以按情形設置多個專欄，以便分類歸集；使用雙式簿記時，在序時簿方面，有時可以只設置一本多欄式的分錄日記簿，簡稱多欄式日記簿，令所有會計事項都載入這一本日記簿之內。

茲假定上一章的昌明公司是 102 年 12 月間籌備成立的，103 年 1 月初開始營業，至 102 年 12 月 31 日（即 103 年 1 月 1 日開始營業之前）的資負表如下：

昌 明 公 司
資 產 負 債 表
中華民國 103 年 1 月 1 日開業前

資產：			負債：	
現金		$　34,200	應付帳款	$1,000,000
零用金		5,000		
銀行存款		600,000		
存貨─飛輪牌機車				
50cc 一百輛				
@$7,200	720,000			
150cc 八十輛			權益：	
@$12,000	960,000	1,680,000	資本	2,000,000
預付租金一年		36,000		
預付保險費一年		4,800		
機件工具		40,000		
運輸設備─三輪小卡車一輛		50,000		
生財家具		10,000		
開辦費		40,000		
存出保證金		500,000		
合　　計		$3,000,000	合　　計	$3,000,000

該公司除上一章有關銷貨的會計事項之外，假定 1 月份尚有下列會計事項：

1. 在進貨方面：

15 日　支付應付帳款飛輪公司 $300,000。

16 日　飛輪公司送來 50cc 二十輛 @$7,200，150cc 十輛 @$12,000，共 $264,000，當即付予即期支票 $50,000，餘暫欠。

20 日　付飛輪公司 $200,000。

22 日　飛輪公司送來 50cc 二十輛、150cc 十輛，價照舊，當即付予即期支票 $50,000，餘暫欠。

28 日　付飛輪公司 $200,000。

30 日　飛輪公司送來 50cc 十五輛、150cc 十輛，價與前同，當即支付即期支票 $50,000，餘暫欠。

2. 在費用方面以現金支付者：

1 日　開張誌喜，茶點雜費及宴請同業與公司同仁各費，入開辦費帳戶，以現金付出共 $2,000。

10 日　事務員列報上旬零用金開支，共 $1,500，內計：

公會會費	$400
自由捐贈	200
郵電費	100
印刷費	200
文具用品費	200
雜費	200
交際費	200

在總帳內設營業費用科目。

12 日　聘甄持平律師為常年法律顧問，致送全年顧問費先入預付費用科目 $2,400。

20 日 事務員列報零用金開支，內計：

伙食費	$2,000
三輪小卡車費用，入運費科目	600
雜費	400

20 日 職員借支共 $6,000。

31 日 房東通知本月水電費 $200，電話費 $200，當即付予現金。

31 日 事務員列報零用金開支，內計：

伙食費	$1,000
小卡車費用	200
自由捐贈	100
雜費	300

3.其他事項：

(1)優待員工同仁，員工可以 $7,500 之價格分期付款購買 50cc 機車一輛，每月扣款 $500，每人限購二輛。本月有四位員工各購一輛，價款於本月發薪時開始起扣。

(2)1 月 31 日發放本月份薪資，內計：

薪給	$10,400
生活費津貼	3,200
房租津貼	2,600
眷屬津貼	2,000
交通費津貼	2,000
加班加給	400
合　　計	$20,600
扣除：	
機車四輛第 1 期款	$(2,000)
借支	(6,000)
員工保險	(300)

所得稅	(500)
淨發放	$11,800

現在斟酌上述的情形，將會計事項較多的借方或貸方設立專欄如下：

借方專欄：銀行存款　　　　　　貸方專欄：銷貨收入

　　　　　應收帳款　　　　　　　　　　　應付帳款

　　　　　進貨　　　　　　　　　　　　　現金

　　　　　營業費用

　　借貸方專欄的欄數可以不必相等。另外，是否該設置專欄，必須從會計事項上考慮，若是筆數不多的會計科目，則可以不必特設專欄，免致帳頁上欄數過多而使表格過寬。

　　茲按前述的專欄，於多欄式日記簿之內記載昌明公司 103 年 1 月份的各會計事項（參第 41～44 頁）。為使序時簿記載較為簡便起見，各明細帳假定係直接從記帳憑證過入明細帳頁。

　　注意這本帳簿雖是多欄式，但其印在帳頁上的正式名稱，不可加「多欄式」的字樣。

　　在多欄式日記簿轉入下頁時，借方各欄的合計數應該與貸方各欄的合計數相等，以示各筆分錄入帳之後，仍屬借貸雙方平衡。所以在將各欄結計出數額待轉入下頁之前，必須作借貸方各自相加的核計，檢查借貸是否相平。本例第 1 頁各欄雙方係屬平衡，計算式如下：

$$170,000 + 793,000 + 264,000 + 1,500 + 654,400 = 943,000 + 214,000 + 5,900 + 720,000$$
$$1,882,900 = 1,882,900$$

　　第 2 頁各欄合計之數，借方與貸方分別相加，借貸雙方仍相等：

$$350,000 + 1,573,000 + 756,000 + 27,100 + 1,154,400 = 1,853,000 + 606,000 + 28,700 + 1,372,800$$
$$3,860,500 = 3,860,500$$

借方

銀行存款	應收帳款	進 貨	營業費用	其 他			
				科目	類頁	金額	
$170,000 00	$ 793,000 00	$264,000 00	$ 1,500 00			$ 654,400 00	
			3,000 00				1
				員工借支	16	6,000 00	
	105,000 00						
100,000 00							
		264,000 00					
	40,000 00						
				應收票據	8	64,000 00	
	105,000 00						
				應收票據	8	100,000 00	
	210,000 00						
				應付帳款	42	200,000 00	
	110,000 00			應收票據	8	100,000 00	
		228,000 00					
	105,000 00						
	105,000 00						
80,000 00							
			400 00				
			1,600 00				
				員工借支	16	30,000 00	
			20,600 00				
$350,000 00	$1,573,000 00	$756,000 00	$27,100 00			$1,154,400 00	
(3)	(6)	(71)	(91)			✓	

記帳憑證		摘要	銷貨收入	應付帳款	現金	其他		
日	號次					科目	類頁	金額
		承前頁	$ 943,000 00	$214,000 00	$ 5,900 00			$ 720,000 00
20	支 6	零星開支			3,000 00			
20	支 7	借支			6,000 00			
22	轉 11	公平行	105,000 00					
22	收 4	公平行				應收帳款	6	100,000 00
22	現轉 2	飛輪公司		214,000 00		銀行存款	3	50,000 00
24	轉 12	景美行	40,000 00					
26	轉 13	六合行 2/5 期票				應收帳款	6	64,000 00
26	轉 14	六合行	105,000 00					
28	轉 15	速達行 2/4 期票				應收帳款	6	100,000 00
28	轉 16	速達行	210,000 00					
28	支 8	飛輪公司				銀行存款	3	200,000 00
30	轉 17	中光行	210,000 00					
30	現轉 3	飛輪公司		178,000 00		銀行存款	3	50,000 00
31	轉 18	基隆行	105,000 00					
31	轉 19	永和行	105,000 00					
31	收 5	永和行				應收帳款	6	80,000 00
31	支 9	水電及電話費			400 00			
31	支 10	零星開支			1,600 00			
31	轉 20	員工分期付款購 50cc 四輛	30,000 00					
31	現轉 4	本月薪資支出			11,800 00	員工借支 代收款	16 46	8,000 00 800 00
		合　　計	$1,853,000 00 (61)	$606,000 00 (42)	$28,700 00 (1)			$1,372,800 00 ✓

開辦費 #31

| 1/ 1 | 期初 | 40,000 | | | |
| 1 | 日 1 | 2,000 | | | |

應付帳款 #42

1/15	日 1	300,000	1/ 1	期初	1,000,000
20	日 1	200,000	31	日 2	606,000
28	日 2	200,000			

代收款 #46

| | | | 1/31 | 日 2 | 800 |

銷貨收入 #61

| | | | 1/31 | 日 2 | 1,853,000 |

進 貨 #71

| 1/31 | 日 2 | 756,000 | | | |

營業費用 #91

| 1/31 | 日 2 | 27,100 | | | |

　　過帳時因有專欄，相較於以往逐筆過入總帳的方式，簡便不少。過帳完畢之後，應該試算借貸各科目的餘額相加是否相等，此時須將 1 月份未發生變動的會計科目，也一併結計。

借方餘額		貸方餘額	
現金	$ 5,500	應付帳款	$ 906,000
零用金	5,000	代收款	800
銀行存款	100,000	銷貨收入	1,853,000
應收帳款	1,059,000	資本	2,000,000
應收票據	414,000		
存貨	1,680,000		
預付租金	36,000		
預付保險費	4,800		
預付費用	2,400		
員工借支	28,000		
機件工具	40,000		
運輸設備	50,000		
生財家具	10,000		
開辦費	42,000		
存出保證金	500,000		
進貨	756,000		
營業費用	27,100		
合　　計	$4,759,800	合　　計	$4,759,800

借貸雙方證明相等。倘使本例的代收款過帳時誤過入借方，因而併在借方加計，則借方成為 $4,760,600，貸方因無此項，加計僅得 $4,759,000，此時便不平衡，必須尋查出錯誤的原因。

🖊 第六節　分類帳的專欄

分類帳上設置專欄可以達到下列目的：

1. 將同一群或類似的帳戶，歸集在一起，以減少所占的帳頁。

2. 將類似或有關的帳項歸集在同一帳頁上，以利資料的整理分析與提供。

3. 作明細的分列，以省卻若干明細帳的設置。

以上第一種情形，例如土地、房屋、設備等固定資產，通常在企業設立

之後，發生的會計事項便較少，可以將這幾個總帳科目併載於一張帳頁上。
假定南興公司在民國 102 年底有下列固定資產：

土地	$ 60,000
房屋	200,000
運輸設備	100,000
生財家具	20,000
雜項設備	10,000

民國 103 年度 1 月份發生下列會計事項：

1/10　運輸設備有舊車一輛報廢，原價 $60,000。

1/12　購入新車一輛，計價 $80,000。

1/16　房屋添建一間，計價 $15,000。

1/18　生財家具購入辦公桌椅計 $2,000。

1/25　購滅火機二具，計價 $2,400。

在總分類帳利用專欄將固定資產集中記載，可記載如下（各欄的角分於例中省略）：

昌 明 公 司
總 分 類 帳
中華民國 103 年度

科目： 固定資產
編號： 21–25
第 1 頁

| 月 | 日 | 日記簿 | | 摘　　要 | 21
土　地 | 22
房　屋 | 23
運輸設備 | 24
生財家具 | 25
雜項設備 |
		種類	頁次						
1	1			期初餘額	$60,000	$200,000	$100,000	$20,000	$10,000
	10	日	1	舊車報廢			(60,000)		
	12	現	1	購新車一輛			80,000		
	16	現	1	房屋添建		15,000			
	18	現	1	辦公桌椅				2,000	
	25	現	1	滅火機二具					2,400

如此作法就可將原需分記於五張總帳的會計科目帳頁合併於一張之中，
而且要查閱固定資產於特定期間的變化，也較為方便。財產往往另有明細的

記載，以載明各項財產的名稱、種類、數量及其存置地點等事項，所以其總帳科目以專欄方式彙集，不會有任何的缺陷，反而可較為簡化。

　　第二種情形可以從實務上對客戶的往來舉例。應收帳款和應收票據皆表示客戶的欠款，企業常需彙計每一客戶的欠款，以隨時掌握該客戶對本公司欠款的實況。茲以昌明公司應收帳款明細帳中的速達行作為實例，記載如下，可與上一章該明細戶的記載相比較（角分省略）。

昌　明　公　司

客　戶　往　來　明　細　帳

電話: 45611　帳號: 1002
營業員: 曾天恩　第 1 頁

客戶: 速達行　　　地址: 臺北市南京東路二段〇〇號

月	日	傳票號數	摘　　要	應收帳款	應收票據	欠額合計
1	6	轉 2	150cc 十輛	$ 130,000		$130,000
	15	轉 7	150cc 五輛，50cc 十輛	145,000		275,000
	15	收 2	來款	(80,000)		195,000
	28	轉 15	2/4 期票	(100,000)	$100,000	195,000
	28	轉 16	150cc 及 50cc 各十輛	210,000		405,000

　　這樣的記載，使速達行所欠之數，隨時都很清楚。在帳上顯示，其 1 月 28 日交來期票，原本未定還期的往來欠款，變成已定了結日期的票據。要注意的是，在應收帳款的餘額上雖有減少，但實質上該戶所欠，仍未減分文，此時仍共欠 $195,000。茲再假定 2 月份時有關該戶的會計事項如下:

　　3 日　該行交來現款 $50,000，要求昌明公司勿將 2 月 4 日到期的支票提出交換，並另開來 2 月 8 日期票 $50,000，請求換回原來所開的 2 月 4 日期票 $100,000，經公司同意。

　　5 日　該行持來現款 $50,000，要求售予 50cc 十輛，每輛售價 $8,000，經公司同意。

　　8 日　該行支票如期兌付，存入銀行。

　　10 日　該行賒購 150cc 及 50cc 各五輛，開來 2 月 15 日期票 $150,000。

　　15 日　該行要求該支票延至 2 月 17 日提出交換(此交易通常不作分錄)。

17 日　上開支票已由銀行於本日收到。該行又來賒購 150cc 及 50cc 各五
　　　　輛。

20 日　該行開來 2 月 25 日期票 $200,000。

24 日　賒銷該行 150cc 及 50cc 各十輛。

25 日　支票由銀行收到，入本公司帳。

28 日　賒銷該行 150cc 及 50cc 各五輛，交來現款 $50,000，並開來 3 月
　　　　5 日期票$100,000。

以上會計事項，接續記載如下，各傳票號數均係假設。

帳號：1002
客戶：速達行
第 1 頁

月	日	傳票號數	摘　要	應收帳款	應收票據	欠額合計
2	1		月初餘額	$ 305,000	$ 100,000	$405,000
	3	收 2	交來現款	(50,000)		
	3	轉 4	2/4 期票退回另開	100,000	(100,000)	
	3	轉 5	開來 2/8 期票	(50,000)	50,000	355,000
	5	轉 6	50cc 十輛，付現外尚欠	30,000		385,000
	8	收 5	2/8 期票收到		(50,000)	335,000
	10	轉 10	150cc 及 50cc 各五輛	105,000		
	10	轉 11	開來 2/15 期票	(150,000)	150,000	440,000
	17	收 10	2/15 期票收到		(150,000)	
	17	轉 14	150cc 及 50cc 各五輛	105,000		395,000
	20	轉 18	交來 2/25 期票	(200,000)	200,000	395,000
	24	轉 21	150cc 及 50cc 各十輛	210,000		605,000
	25	收 15	2/25 期票收到		(200,000)	405,000
	28	轉 25	150cc 及 50cc 各五輛	105,000		
	28	收 18	交來現款	(50,000)		
	28	轉 26	開來 3/5 期票	(100,000)	100,000	460,000
3	1		月初餘額	$ 360,000	$ 100,000	$460,000

如此以專欄彙列記載，可使客戶往來的情形一目了然。

關於分類帳設置專欄的第三種情形，茲假定昌明公司因每月進貨筆數不

多，在序時簿上不設專欄，且因所進的貨品種類單純，故僅利用總帳帳頁上

的專欄作明細的分列，得免另設進貨明細帳，則其總帳上的進貨科目，可以記載如下（角分已於例中省略）：

昌 明 公 司
總 分 類 帳
中華民國 103 年度

科目：進貨
編號： 71
第 1 頁

月	日	日記簿		摘　　要	150cc 機車			50cc 機車			合計
		種類	頁次		輛數	單價	總計	輛數	單價	總計	
1	16	日	1	飛輪公司	10	$12,000	$120,000	20	$7,200	$144,000	$264,000
	22	日	2	飛輪公司	10	12,000	120,000	20	7,200	144,000	264,000
	30	日	2	飛輪公司	10	12,000	120,000	15	7,200	108,000	228,000
				本月合計	30	$12,000	$360,000	55	$7,200	$396,000	$756,000

這樣的記載，便比分戶另設進貨明細帳更為簡便了。

在簿記上基本記帳工作業已熟習之後，應該進而在實務上多加留意，尋求記帳簡化的方法，以便有更多的時間，從事會計資料的整理與分析。

一、問答題

1. 專欄是簿記上的什麼工具？

2. 簿記上設置專欄，可有什麼功用？

3. 專欄可以設置在哪些地方？

4. 在過帳時，序時簿有無設立專欄，會有何不同？

5. 倘使一個總帳科目，在序時簿上僅設有借方專欄，限定專載該科目的借方金額，則對該科目的貸方發生的各筆，是否仍需逐筆過帳？

6. 序時簿上的專欄，倘使令某個總帳科目的借貸方金額都可以記入時，有何優點？

7. 序時簿設專欄後，有專欄的總帳科目在總帳帳頁的記載上，與未設專欄時，有何不同？

8. 分類帳上設置專欄可以達到什麼目的？

二、選擇題

（　）1. 下列何者不是設置專欄的目的？

　　　(A)方便分類歸集　(B)使資料取得容易　(C)節省過帳程序　(D)使記帳內容更顯詳細

（　）2. 關於以下敘述，下列何者正確？

　　　(A)多欄式日記簿轉入下頁時，借方各欄合計數與貸方各欄合計數並不一定會相等　(B)借貸方專欄的欄數可以不必相等　(C)即使是筆數不多的會計科目，也可以設置專欄，如此才可以一目了然　(D)「多欄式日記簿」為日記簿特設專欄後的正式名稱

（　）3. 專欄無法設置在：

　　　(A)日記簿　(B)資產負債表　(C)總分類帳　(D)客戶往來明細帳

（　）4. 在特種日記簿裡加設下列何者，可以節省記帳和過帳的手續與時間？

　　　(A)專欄　(B)主管簽核處　(C)備註欄　(D)預計欄

（　）5. 假設日記簿只在借方金額設立應收帳款專欄，則記在貸方的應收帳款應如何處理？

　　　(A)無需記入　(B)記入借方的其他欄內　(C)貸方的任一專欄皆可　(D)記入貸方的其他欄內

（　）6. 下列何者可以設置專欄？

　　　(A)損益表　(B)現金簿　(C)現金流量表　(D)權益變動表

（　）7. 序時簿設立專欄有何優點？

　　　(A)能確保過帳金額不會出錯　(B)加快過帳的速度　(C)適合產品項目多的大規模公司使用　(D)總帳的摘要欄可記載得更詳細

（　）8. 現金簿內，收入方面可以設置什麼專欄？

　　　(A)銷貨收入　(B)存貨　(C)權益　(D)進貨

（　）9. 由序時簿專欄過入總帳，過帳完畢之後，試算借貸各科目的餘額相加後，借貸方會：

(A)相等　(B)借方大於貸方　(C)貸方大於借方　(D)視情況而定

( ) 10.下列何者不是分類帳設置專欄的目的？

(A)省卻明細帳的設置　(B)減省帳頁的篇幅　(C)方便資料的分析　(D)使帳簿看起來精美大方

三、練習題

1.對第八章光隆紙行的例子，將其改為僅用一本多欄式分錄日記簿記載之。其所設的專欄，可自行斟酌，但借方專欄僅載借方金額，貸方專欄僅載貸方金額。且：

(1)於記載完畢後，予以過入總帳。

(2)過入總帳以後，須作試算，以視借貸是否仍屬平衡。

2.將第十章昌明公司記載客戶六合機車行的明細帳頁，改按本章對速達機車行的舉例予以記載，並接續載入 2 月份的有關事項；售價照舊（仍由傳票遞行過入明細帳，傳票號數自行編擬，但注意勿與速達行舉例重複）。

⑴　2 日　賒購 150cc 及 50cc 各十輛，交來 2 月 12 日期票如數。

⑵　5 日　2 月 12 日期票已由銀行收入本公司存款戶內。

⑶　6 日　賒購 50cc 五輛。

⑷　8 日　送來現款 $20,000。

⑸ 12 日　支票如期由銀行收入本公司存款戶。

⑹ 14 日　賒購 150cc 及 50cc 各十輛。開來 2 月 20 日期票 $100,000。

⑺ 18 日　送來現款 $40,000。

⑻ 19 日　賒購 50cc 五輛。

⑼ 20 日　該行清晨通知，本日到期支票，請改為明日存往銀行。

⑽ 21 日　銀行收到該行 2 月 20 日期票款，存入本公司存款戶。

⑾ 23 日　賒購 150cc 及 50cc 各八輛。

⑿ 25 日　交來現款 $30,000。

⒀ 27 日　開來 3 月 5 日期票 $100,000。

⒁ 28 日　賒購 150cc 及 50cc 各五輛。

第十二章

多本序時簿

第一節　概　述

以前各章已曾提過：

　1.單式簿記的用一本序時簿。

　2.雙式簿記的用一本普通日記簿。

　3.雙式簿記在普通日記簿之外，另行分設現金簿。

　4.雙式簿記如上一章所述，僅用一本多欄式日記簿。

在一般小型企業，以用一本多欄式日記簿最為簡便。日記簿上所設的專欄，宜為借貸金額俱可記入，使過帳的工作得以簡化。

可是，在規模較大的企業則趨向於設置多本序時簿，以達成下列目的：

　1.使特種會計事項在序時記載的階段，便行分類歸集。

　2.使特種會計事項由專行記載這類事項的人員負責記載，以利分工。

　3.使特種會計事項由發生此類事項的部門逕行記載歸集，以節省會計部
　　門的工作與手續。

　4.使特種會計事項的記載易於配合實際需要，在序時記載時作較詳明的
　　記錄。

第二節　銷貨簿

在設立多本序時簿時，除了以前所述的分設現金簿之外，最常見的是分設銷貨簿 (Sales Journal)，將銷貨的事項，集中於一本序時簿內記載。

銷貨簿不但有特種序時簿的功用，而且常由營業部門記載，使一部份會計工作，在業務進行的同時，便可記載下來。

最簡單的一種銷貨簿，只需一欄金額，便可有特種序時簿分類歸集的功用。例如昌明公司在第十章時，係將銷貨記載在分錄日記簿之內。倘使另設

一本銷貨簿，則可記載如下（假定明細帳係由傳票直接過入）。

昌　明　公　司

銷　貨　簿

中華民國 103 年度　　　　　　　　　　第 1 頁

月	日	傳票號數	摘　　要	金　　額	
1	4	轉 1	義美行 50cc 五輛	$　40,000	00
	6	轉 2	速達行 150cc 十輛	130,000	00
	8	轉 3	四海行 50cc 十輛	80,000	00
	10	轉 4	公平行 50cc 及 150cc 各五輛	105,000	00
	12	轉 5	六合行 50cc 八輛	64,000	00
	14	轉 6	義美行 50cc 五輛及 150cc 十輛	170,000	00
	15	轉 7	速達行 50cc 十輛及 150cc 五輛	145,000	00
	17	轉 8	永和行 50cc 及 150cc 各五輛	105,000	00
	18	轉 9	寶島行 50cc 五輛	40,000	00
	20	轉 10	四海行 50cc 八輛	64,000	00
	22	轉 11	公平行 50cc 及 150cc 各五輛	105,000	00
	24	轉 12	景美行 50cc 五輛	40,000	00
	26	轉 14	六合行 50cc 及 150cc 各五輛	105,000	00
	28	轉 16	速達行 50cc 及 150cc 各十輛	210,000	00
	30	轉 17	中光行 50cc 及 150cc 各十輛	210,000	00
	31	轉 18	基隆行 50cc 及 150cc 各五輛	105,000	00
	31	轉 19	永和行 50cc 及 150cc 各五輛	105,000	00
			合　　計	$1,823,000	00
				(6) (61)	

注意這時候銷貨簿的序時記載是以一金額欄，表明借貸雙方相同的金額，其分錄為：

借：　應收帳款　　　　　　　　　　×××
　　貸：　　銷貨收入　　　　　　　　　　　　×××

這許多筆的銷貨，借方都是應收帳款。於是，期末結計之後，便將之過

入總帳，一方面過入應收帳款的帳頁、一方面過入銷貨收入的帳頁，如下所示：

應收帳款　　　　　　　　　#6

1/31　銷 1　　1,823,000

銷貨收入　　　　　　　　　#61

　　　　　　1/31　銷 1　　1,823,000

這時與第十章在分錄日記簿上的序時記載比較，便可發現：

1/14　轉 6　義美行的一筆，及

1/30　轉 17　中光行的一筆。

記載的借貸分錄已經有所不同。這二筆的情形是一樣的，都是在銷貨當時，有一部份以應收票據交來，所以在第十章時的分錄為：

借：　應收帳款　　　　　　　　　　×××
　　　應收票據　　　　　　　　　　×××
　貸：　　銷貨收入　　　　　　　　　　　　　×××

由於現在用最簡便的銷貨簿，只有一金額欄，故只可用以記載下列的分錄：

借：　應收帳款　　　　　　　　　　×××
　貸：　　銷貨收入　　　　　　　　　　　　　×××

於是 1 月 14 日及 1 月 30 日這二筆，便都需要在記載銷貨簿之外，另行加編轉帳傳票，作如下的借貸分錄：

借：　應收票據　　　　　　　　　　×××
　貸：　　應收帳款　　　　　　　　　　　　　×××

這樣的處理，可使每一客戶銷貨的事實，集中在應收帳款的分戶明細帳

頁上，以便分析研討。而且使得銷貨的記載非常簡單，使任何不懂簿記的人員，都容易按照規定記載。

此時昌明公司第十章舉例的分錄日記簿，因為銷貨的事項，已歸集記載到銷貨簿上，所以餘下來的記載便很簡單。可是，不要忘記 1 月 14 日及 1 月 30 日這二筆需補入的記載。茲將第十章昌明公司的舉例中，在銷貨簿以外，尚須記在分錄日記簿上的各筆記載於下，以供比較。金額欄為簡便計，暫省去角分不列，並在傳票號碼內，插入 1 月 14 日及 1 月 30 日所添的傳票。

昌 明 公 司
分 錄 日 記 簿
中華民國 103 年度
第 1 頁

月	日	傳票號數	會計科目	摘要	過頁	借方金額	貸方金額
1	14	轉 6a	應收票據	義美行交來 2/10 期票	8	$150,000	
			應收帳款		6		$150,000
	26	轉 13	應收票據	六合行交來 2/5 期票	8	64,000	
			應收帳款		6		64,000
	28	轉 15	應收票據	速達行交來 2/4 期票	8	100,000	
			應收帳款		6		100,000
	30	轉 17a	應收票據	中光行交來 2/6 期票	8	100,000	
			應收帳款		6		100,000

此時過帳的結果，應收帳款的帳頁記載，將如下所示，末一行係將現金簿所收客帳一筆過入：

應收帳款 #6

1/31 銷 1	1,823,000	1/14 日 1		150,000
		26 日 1		64,000
		28 日 1		100,000
		30 日 1		100,000
		31 現 1	本月收現	350,000

✐ 第三節　多本序時簿時的簿記系統圖

有多本序時簿時，其簿記系統圖可有多種形式。一種是明細帳經由序時
簿過入的，有如下圖：

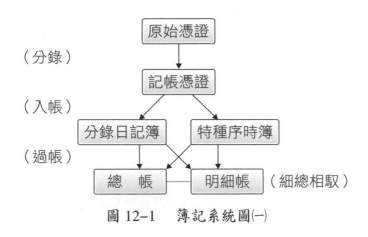

（分錄）

（入帳）

（過帳）

圖 12-1　　簿記系統圖㈠

另一種是有關的明細帳逕由會計憑證過入的，則如下圖：

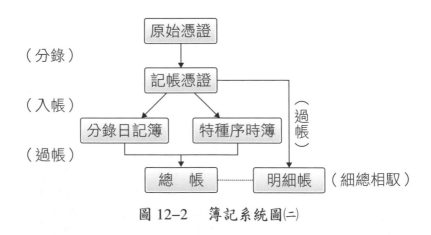

（分錄）

（入帳）

（過帳）

圖 12-2　　簿記系統圖㈡

使用特種序時簿的時候，有時會以原始憑證代替記帳憑證，載入特種序
時簿。例如在銷貨時，開給客戶的發票，便是原始憑證。這種格式劃一的發

票，可以作記帳憑證之用，將銷貨的事實，經由發票記入銷貨簿內，以省卻另行編製傳票的手續。此時的簿記系統圖，通常又有三種形式：

1. 在特種序時簿彙集之後再編傳票進入分錄日記簿，其簿記系統圖如下：

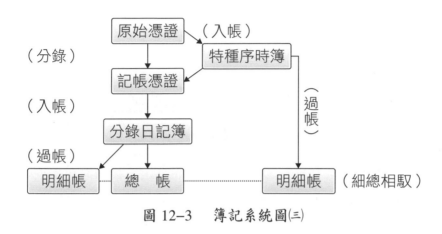

圖 12–3　　簿記系統圖㈢

2. 由特種序時簿逕行過入總帳，不必經過分錄日記簿，其簿記系統圖如下：

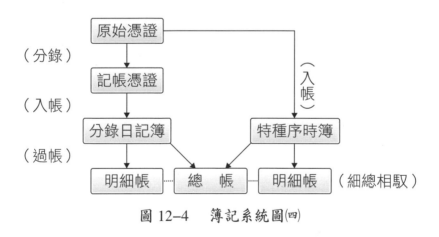

圖 12–4　　簿記系統圖㈣

3. 與上述兩者相類似，但由代替記帳憑證的原始憑證，逕行過入有關的明細帳，下示為其簿記系統圖的一式：

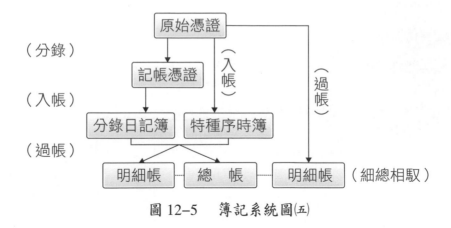

圖 12-5　簿記系統圖(五)

　　在實務上，須視營利事業的實際情形，而訂定適當的簿記系統圖，以確定要使用哪些帳簿，及如何入帳與過帳。圖 12-1 到 12-5，尚只是簡單的列示。有時設置多本的序時簿，有的直接由原始憑證記入、有的則如分錄日記簿一樣，先編製記帳憑證，而後記入，各種情況不一。明細帳也是如此，有的經過序時簿過入、有的由記帳憑證過入、有的則直接由原始憑證過入。入帳與過帳的方式，不論如何變化，皆需遵照簿記的基本原則，即：

1. 借貸法則：有借必有貸，且借方與貸方科目不可有誤。
2. 平衡原則：總帳全部過帳完畢之後，借方餘額合計數與貸方餘額合計數，必須雙方仍屬保持平衡。
3. 細總相馭原則：一群明細帳，在全部過帳完畢之後，這一群明細科目合計的總數，必須與其總帳統馭科目已過帳完畢的餘額，彼此相等。
4. 簡明原則：凡能省的步驟，都可予以省卻。

第四節　銷貨簿的各種格式

　　本章前面舉例的銷貨簿，係用簡易的格式，以一欄金額，專載借方應收帳款及貸方銷貨的會計事項。實務上所用銷貨簿，隨實際情況而定，格式不一。下表為經濟部所定的格式：

企　業　名　稱

銷　貨　簿

中華民國＿＿＿＿年度

第　　頁

年		傳票號數	會計科目或編碼	摘　要	總帳頁次	金　額
月	日					

　　與銷貨相對的，便是進貨。進貨也可專設進貨簿。經濟部所訂定的進貨簿格式，其各欄的名稱與銷貨簿完全一樣。簿記上有關銷貨簿的敘述，也可舉一反三，適用於進貨簿。

　　這一格式，因為列有「會計科目或編碼」一欄，所以在使用上：

1.借方科目不限為應收帳款，凡借方非為應收帳款的銷貨，一樣可以記入。銷貨時，借方的科目除應收帳款之外，尚可能為：

(1)現金或銀行存款：在銷貨時已收到現金。

(2)應收票據：在銷貨時收到非即期票據。

(3)員工借支或其他應收款：例如售予員工的特殊銷貨。

(4)預收貨款：在完成銷貨之前，早已先收貨款。

(5)應付帳款或應付費用：將銷貨與欠款或應付費用相抵。

(6)營業費用或其他費用科目：將銷貨與費用相抵，例如以貨品抵付廣告費或抵付薪資等。

　　這時的記載，都是將會計事項的借方科目記入「會計科目或編碼」欄內，而貸方的銷貨則由金額欄代表，所以此時的金額欄，等於是為

銷貨而設的專欄。借方列在「會計科目或編碼」的每一筆，都必須過帳，且在過帳的時候，於類頁欄註明總帳的頁數。

2. 對於應收帳款的明細帳戶，可在「會計科目或編碼」欄列出明細分戶的名稱，使之經由銷貨簿而過入明細帳。此時在類頁上，一方面在過入總帳時，註明統馭科目應收帳款的頁次，同時要在過入明細分戶時，記載應收帳款分戶明細帳的頁次。

✏️ 第五節　多欄式銷貨簿

銷貨簿和各種序時簿一樣，實務上所用的格式常不只設一個金額欄，會設有多欄，以資分類歸集。最常見的多欄有二種：一種是按現銷與賒銷分欄、一種是按所銷的貨品分欄。

茲假定上二章所述昌明公司的銷貨，除賒銷之外，還有下列門市的現銷事項，所收現金均存銀行。

　4 日　　50cc 二輛，每輛 $8,500，計 $17,000。

　6 日　　50cc 一輛 $8,600，150cc 一輛 $14,000，計 $22,600。

　8 日　　50cc 一輛 $8,500，150cc 一輛 $13,800，計 $22,300。

10 日　　50cc 一輛 $8,600。

14 日　　50cc 一輛 $8,600，150cc 一輛 $14,000，計 $22,600。

16 日　　150cc 一輛 $14,000。

20 日　　50cc 二輛，一輛 $8,500、一輛 $8,600，計 $17,100。

24 日　　150cc 一輛 $14,000。

28 日　　50cc 一輛 $8,600。

31 日　　50cc 一輛 $8,600，150cc 一輛 $13,800，計 $22,400。

以上各筆，假定自收字第 1 號傳票順序編列；又假定其在賒銷同業各機車行時，所收的局部現金係為銷貨的一部份帳款，所以改用現金轉帳傳票，

並記入銷貨簿下，讀者可與本章第二節所記者相比較。

昌 明 公 司
銷 貨 簿

中華民國 103 年度　　　　　　　　　　　　　　第 1 頁

月	日	傳票號數	摘　　要	銀行存款		應收帳款	
1	4	轉 1	義美行 50cc 五輛			$ 40,000	00
	4	收 1	門售 50cc 二輛	$ 17,000	00		
	6	收 2	門售 50cc 及 150cc 各一輛	22,600	00		
	6	轉 2	速達行 150cc 十輛			130,000	00
	8	轉 3	四海行 50cc 十輛			80,000	00
	8	收 3	門售 50cc 及 150cc 各一輛	22,300	00		
	10	收 4	門售 50cc 一輛	8,600	00		
	10	轉 4	公平行 50cc 及 150cc 各五輛			105,000	00
	12	轉 5	六合行 50cc 八輛			64,000	00
	14	現轉 1	義美行 50cc 五輛及 150cc 十輛	30,000	00	140,000	00
	14	收 5	門售 50cc 及 150cc 各一輛	22,600	00		
	15	現轉 2	速達行 50cc 十輛及 150cc 五輛	80,000	00	65,000	00
	16	收 6	門售 150cc 一輛	14,000	00		
	17	轉 8	永和行 50cc 及 150cc 各五輛			105,000	00
	18	轉 9	寶島行 50cc 五輛			40,000	00
	20	收 7	門售 50cc 二輛	17,100	00		
	20	現轉 3	四海行 50cc 八輛	60,000	00	4,000	00
	22	現轉 4	公平行 50cc 及 150cc 各五輛	100,000	00	5,000	00
	24	收 8	門售 150cc 一輛	14,000	00		
	24	轉 12	景美行 50cc 五輛			40,000	00
	26	轉 14	六合行 50cc 及 150cc 各五輛			105,000	00
			轉　下　頁	$408,200	00	$923,000	00

　　下面接載第 2 頁，除將員工分期付款購車四輛列入之外，假設寶島行於 1 月 31 日來購買 50cc 及 150cc 機車各五輛，計 $105,000，卻付款 $120,000，已超過當日所購貨品的價款 $15,000。所收現金超過當時銷貨的數額 $15,000，列為應收帳款欄的抵減之數。

月	日	傳票號數	摘　要	銀行存款	應收帳款
			承　前　頁	$408,200 00	$　923,000 00
1	28	轉 16	速達行 50cc 及 150cc 各十輛		210,000 00
	28	收 9	門售 50cc 一輛	8,600 00	
	30	轉 17	中光行 50cc 及 150cc 各十輛		210,000 00
	31	轉 18	基隆行 50cc 及 150cc 各五輛		105,000 00
	31	現轉 4	永和行 50cc 及 150cc 各五輛	80,000 00	25,000 00
	31	現轉 5	寶島行 50cc 及 150cc 各五輛	120,000 00	(15,000 00)
	31	轉 20	員工特價購 50cc 四輛		30,000 00
			合　計	$616,800 00	$1,488,000 00
				(3)(61)	(6)(61)

　　本月合計的總數，分別過入總帳，借方入銀行存款及應收帳款科目、貸方入銷貨科目。由於本例對於應收票據沒有另設專欄，所以在賒銷當時，交入期票的各筆，在記載時全與本章第二節所示者相同。如果另有應收票據專欄時，則有關的各筆可記載如下：

昌　明　公　司

銷　貨　簿

中華民國 103 年度

月	日	傳票號數	摘　要	銀行存款	應收票據	應收帳款
1	4	轉 1	義美行 50cc 五輛			$ 40,000
	4	收 1	門售 50cc 二輛	$17,000		
	14	現轉 1	義美行 50cc 五輛及 150cc 十輛，交來局部現款及 2/10 期票	30,000	$150,000	(10,000)
	26	轉 14	六合行 50cc 及 150cc 各五輛，局部收 2/5 期票		64,000	41,000
	28	轉 16	速達行 50cc 及 150cc 各十輛，局部收 2/4 期票		100,000	110,000
	30	轉 17	中光行 50cc 及 150cc 各十輛，局部收 2/6 期支票		100,000	110,000

此時銷貨的合計總數為 $2,104,800，計為：

借：	銀行存款	616,800	
	應收票據	414,000	
	應收帳款	1,059,000	
貸：	銷貨收入		2,104,800

其中 1/14 現轉 1 這筆，其借貸分錄如下：

借：	銀行存款	30,000	
	應收票據	150,000	
貸：	銷貨收入		170,000
	應收帳款		10,000

茲再將昌明公司的銷貨簿改按貨品分欄，記載數筆如下：

昌　明　公　司
銷　貨　簿
中華民國 103 年度　　　　　　　　　　第 1 頁

月	日	記帳憑證	帳戶名稱	摘　　要	類頁	單　　價		50cc		150cc	
1	4	轉 1	義美行	賒購五輛	1001/6	$ 8,000	00	$40,000	00		
	4	收 1	銀行存款	門售二輛	3	8,500	00	17,000	00		
	6	收 2	銀行存款	門售二輛	3	8,600	00	8,600	00	$ 14,000	00
						14,000	00				
	6	轉 2	速達行	賒購十輛	1002/6	13,000	00			130,000	00

　　銷貨簿也可進一步在借貸方各設專欄，第 68 頁仍以昌明公司為例，以供比較。

　　對於貨品的專欄，在貨品品項過於眾多時，專欄太多反而導致不便，故可採將貨品歸類記載的作法。例如書店兼售文具者，可分為圖書與文具二類。以出版教科書為重要業務者，可分為教科書及其他二類。

昌 明 公 司
銷 貨 簿
中華民國 103 年度

月	日	記帳憑證	摘要	50cc 數量	50cc 單價	50cc 金額	150cc 數量	150cc 單價	150cc 金額	其他 科目	其他 類頁	其他 金額	應收票據	應收帳款	銀行存款
1	4	轉 1	義美行	5	$8,000 00	$40,000 00								$ 40,000 00	
	4	收 1	門售	2	8,500 00	17,000 00									$17,000 00
	6	收 2	門售	1	8,600 00	8,600 00	1	$14,000 00	$ 14,000 00						22,600 00
	6	轉 2	速達行				10	13,000 00	130,000 00						130,000 00	
	8	轉 3	四海行	10	8,000 00	80,000 00									80,000 00	
	8	收 3	門售	1	8,500 00	8,500 00	1	13,800 00	13,800 00							22,300 00
	10	收 4	門售	1	8,600 00	8,600 00										8,600 00
	31	轉 20	員工分期付款	4	7,500 00	30,000 00				員工借支	16	$30,000 00				

✒ 第六節　應付帳款登記簿

與銷貨相對的是進貨，所以對於各種格式的銷貨簿，稍加融會貫通，便可作進貨簿之用。

進貨應該取得外來憑證（主要是對方所開的發票），以作為會計事項的原始憑證。倘使經常向農民及小販進貨，例如收購農林產品以供加工製造或轉售，或收購鴨毛廢紙之類，皆難以向對方索取進貨憑證，此時應該專設進貨簿，逐筆登記進貨的品名、數量、單價、總價，記明出售人的姓名、地址及身分證字號，並可預留簽字蓋章的地方，以資證明貨款的清付。

在一般的情形下，公司為了將因進貨而與供應商往來的事項歸集在一起，方便比較分析與研究，於是也採用對於銷貨一樣的作法，使一切的進貨全經過下述的借貸分錄，即：

借：　進貨　　　　　　　　　　　×××
　貸：　　應付帳款　　　　　　　　　　　×××

習慣上，應收帳款雖常限於對交易客戶的客帳往來，但是應付帳款，卻常包括供應商以外的其他應付帳項。在此種情形之下，貸方為應付帳款時，借方便可有進貨以外的其他科目。此時倘無專設進貨簿的必要，則可改設應付帳款登記簿 (Accounts Payable Journal 或 Accounts Payable Register)，下述為此簿的格式：

三 民 製 造 公 司
應 付 帳 款 登 記 簿

中華民國 103 年度　　　　　　　　　　　　　　　　　第 1 頁

月	日	明細帳戶	發票日期	貸 方 ✓	應付帳款	進 貨	營業費用	其 他 科目	類頁	金額
1	4	遠東公司	1/1	✓	$20,000 00	$20,000 00				
	9	南天公司	1/8	✓	4,000 00	4,000 00				
	13	同益行	1/11	✓	3,000 00		$3,000 00			
	16	公達行	1/14	✓	5,000 00			生財家具	24	$5,000 00
	20	惠眾公司	1/20	✓	30,000 00	30,000 00				
	24	通用印刷廠	1/24	✓	2,000 00			預付費用	15	2,000 00
	28	奇異電器公司	1/28	✓	2,000 00			員工借支	16	2,000 00

以上各明細帳戶，都是貸方應付帳款的明細科目，須逐筆過入明細帳，過帳時於「✓」欄打「✓」符號，以示業已過入明細帳。如果經過編製傳票手續，則應在「月日」欄之後加「記帳憑證」或「傳票號數」欄。如果明細帳直接由傳票過入，則須將「明細帳戶」改為「摘要」欄。如果「發票日期」不必列為一欄，則亦可改為「摘要」欄，或在「明細帳戶」欄已改為「摘要」欄時，取消「發票日期」這一欄。

有時為了控制支出及便於查閱，在簿記上可使一切對外往來的支出都先記入應付帳款登記簿。例如一筆營業費用，可以先作如下的借貸分錄（記入應付帳款登記簿）：

借：　營業費用　　　　　　　　　　×××
　貸：　應付帳款　　　　　　　　　　　　×××

然後在付出現金或支票時，作如下的分錄（記入分錄日記簿或現金簿）：

借：　應付帳款　　　　　　　　　　×××
　貸：　現金（或銀行存款）　　　　　　×××

此時倘在進貨時係局部付出現金或應付票據時，有二種記載方法：

第一種：全額先載為進貨，然後將所付現金或應付票據，另製借貸分錄，載入分錄日記簿，例如進貨 $200,000，當時付予十日後票據 $100,000，則：

(1)借：　進貨　　　　　　200,000
　　貸：　　應付帳款　　　　　　200,000　　（記入應付帳款登記簿）

(2)借：　應付帳款　　　　100,000
　　貸：　　應付票據　　　　　　100,000　　（記入分錄日記簿）

第二種：此類情形較多時，宜在貸方的應付帳款專欄之外，添設其他會計科目專欄，或加設貸方的其他欄。

這樣的應付帳款登記簿，假定在使用時，先按規定格式製成應付憑單 (Voucher)，則稱為應付憑單登記簿 (Voucher Register)。

一、問答題

1.小規模企業是否必須設置多本序時簿？

2.設置多本序時簿可達到什麼目的？

3.銷貨簿與進貨簿是否為特種序時簿？

4.僅有一欄金額的銷貨簿，何以仍可保持借貸平衡？

5.銷貨簿僅有一欄金額時，倘使客戶在賒購當時交入一部份期票，在簿記上當如何處理？

6.試繪製多本序時簿的簿記系統圖。

7.有多本帳簿時，入帳與過帳上有何基本要則？

8.銷貨時借方的科目除應收帳款之外，可能還有哪些科目？

9.假如在進貨時，對方為農戶小販而無法取得進貨的原始憑證，應如何處理？

二、選擇題

(　)　1.在下列哪一單位最有可能使用多本序時簿？

　　　　(A)小規模營業人　(B)上市公司　(C)家庭　(D)家扶中心

( ) 2.關於設置多本序時簿的目的,下列敘述何者為非?

(A)公司記帳人員各自負責特定的會計科目,有利於分工　(B)特種會計事項在序時記載的階段,便可進行分類歸集　(C)節省記帳的手續　(D)將應付事項歸集記載的稱為進貨簿

( ) 3.大胖商店的顧客以應收票據 $10,000 抵付應收帳款,分錄應記載:

(A)借:應收帳款 $10,000,貸:應收票據 $10,000　(B)借:應收票據 $10,000,貸:應收帳款 $10,000　(C)借:應收帳款 $10,000,貸:銷貨收入 $10,000　(D)借:銷貨收入 $10,000,貸:應收帳款 $10,000

( ) 4.下列何者不包括在特種序時簿的範圍裡?

(A)日記簿　(B)銷貨簿　(C)進貨簿　(D)現金簿

( ) 5.銷貨簿的借方科目除了應收帳款之外,尚可能有:①員工借支、②預收貨款、③營業費用、④銀行存款,共有幾項?

(A)一項　(B)兩項　(C)三項　(D)四項

( ) 6.設置多本序時簿,其過帳方式有許多種,無論如何變化,都不能違反下列哪些原則? 甲:借貸法則、乙:細總相馭原則、丙:平衡原則、丁:詳細原則。

(A)甲乙　(B)乙丙　(C)甲乙丙　(D)甲乙丙丁

( ) 7.賒銷客戶 $8,000,客戶卻交來現金 $10,000,所收現金超過銷貨數額 $2,000,應作為:

(A)應收帳款的減項　(B)現金的減項　(C)銷貨收入的加項　(D)進貨的減項

( ) 8.承上題,若該客戶為企業經常往來客戶,其要求將該款項預留於企業中,以沖抵下次之貨款,則企業應:

(A)貸記銷貨收入　(B)貸記應收帳款　(C)貸記預收收入　(D)貸記現金

( ) 9.應付帳款登記簿的借方專欄,不可能出現下列哪一會計科目?

(A)進貨　(B)設備　(C)營業費用　(D)備抵呆帳

( ) 10.從簿記系統圖可以發現,所有記帳、編表的根本依據為:

(A)特種序時簿　(B)總帳　(C)記帳憑證　(D)原始憑證

三、練習題

1. 試按分設銀行存款、應收票據及應收帳款三個專欄的銷貨簿，記載昌明公司 103 年 1 月份的全部銷貨事項，並將其餘事項，俱記載於多欄式的日記簿之內。留意勿將已不需者空設專欄。

按照各序時簿的記載，將之過入總帳，並於過完總帳之後，予以試算。

2. 按本章在借貸方各設專欄的銷貨簿，記載昌明公司 103 年 1 月份的全部銷貨事項，仍將其餘事項俱載於多欄式的日記簿及過帳，並以之與上題比較其重要的出入。在總帳上對於銷貨收入，可分設為二個科目，即：

61　　銷貨收入—50cc 機車

62　　銷貨收入—150cc 機車

3. 將昌明公司 103 年 1 月份的全部會計事項，改為設立下列三本序時簿而記載之：

(1)銷貨簿：設銀行存款及應收帳款二個專欄。

(2)應付帳款登記簿：設進貨、營業費用二個專欄及其他欄，並假定一切對外往來的支出，均係先經應付帳款登記簿，明細帳戶可免設，「發票日期」欄可改為摘要欄。

(3)分錄日記簿：其應設的專欄可自行斟酌。

注意：對外支出先經應付帳款登記簿時，勿漏缺其在支付時所需載入分錄日記簿的分錄。各簿記載的傳票號數，可自行重編，但號數不可重複。

4. 將第八章光隆紙行的例子，改設置：

(1)銷貨簿。

(2)現金簿。

(3)分錄日記簿。

記載之，併予過入總帳，及在過畢後試算是否借貸平衡。各傳票可另行編號。各簿均須設置專欄，所需的專欄可自行斟酌。

Memo

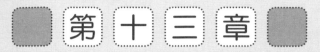

第十三章

試算表

第一節 試 算

雙式簿記從借貸平衡的分錄開始記入序時帳簿，再由序時帳簿按照會計科目的借貸過入總分類帳。過帳之後，個別的總帳科目，有的為借方餘額，意即只有借方的金額，或是過入該科目借方之數大於過入貸方之數；有的為貸方餘額，意即只有貸方的金額，或是過入該科目貸方之數大於過入借方之數。全部過帳完畢之後，按照簿記原理，將總帳各科目的餘額彙集起來，仍會保持借貸平衡。

彙集各總帳科目的餘額，並檢查是否借貸平衡，這一工作稱為試算 (Trial Balance)。試算的工作，通常需要編製正式的試算表。

在試算借貸平衡上，有二種方式，一種是：

$$借和 = 貸和$$

這是一般常用的方法，使各借方餘額與各貸方餘額各自相加，並檢視最後借方的總合與貸方的總合是否相等。

另一種方式則為：

$$借 - 貸 = 0$$

不同於第一種方式，第二種方式不必將借餘與貸餘分別相加。在第一種方式時，借餘與貸餘如果列錯（例如將一個借餘科目誤列為貸餘），便會發生不平衡。在第二種方式時，如果將該減的貸餘誤計為借餘而相加，也會發生不平衡。

正式編製的試算表，習慣上用借和 = 貸和的方式，令借方餘額與貸方餘額的金額分開排列。

✏ 第二節　試算表的作用

試算表的作用如下：

✦㈠表達過帳後各科目餘額的情形

尤其在銀行簿記上，每日的日計表，實質上便是一張試算表。在上冊第七章第 128 頁，曾列了一個銀行日記表（亦稱日計表）的格式，其「截至本日止餘額」欄的部份，就是試算表。

✦㈡表明簿記記帳與過帳工作的完成

試算表是依賴過帳完畢後的各科目餘額而編製的。因而一張試算表的編出，同時代表過帳工作業已完成。

✦㈢是督促迅速辦理帳務的工具

我國許多會計制度所規定的日計表、旬計表及月計表，都是試算表的性質，這些表都規定在一定的期限內須予編出，以使簿記工作不致積壓。

✦㈣是考核業務情況的工具

尤其是一個機構的總管理處，利用日計表和旬計表，以考核與注視分支機構業務的進行。一般的銀行，都規定其分支行，需每日造送日計表至總管理處。

✦㈤是防止日後竄改帳目的工具

已經正式編入試算表的餘額，非經合法的記帳憑證，便無法更改，足以減少舞弊與作偽的機會。

✦㈥是研閱業務情況的工具

從全部各科目截止日的餘額研閱業務的現況。金融機構對外貸款時，常要求申請貸款人提供最近日期的試算表，以便研閱申請人最近的財務狀況。

✦㈦是估算損益的工具

由損益各科目的餘額，可以瞭解截止日的損益概況，並可大略估算截止

日的盈虧情形。

★(八)是編製財務報表的初步底稿

簿記上恆經由試算表而編製各種正式的財務報表。

因而，試算表不只是表明過帳工作完成後的借貸平衡，也不只是簿記上編製正式財務報表的一個步驟，更是管理上的重要工具，故常需予以編製。

📝 第三節　科目的餘額

試算是將各科目的餘額彙集起來。在彙集各科目的餘額時，如果分類帳的帳頁用的是餘額式，則比較方便，因為已有餘額列明在分類帳的帳頁上面，所以可以立刻抄下。這是實務上何以常用餘額式分類帳頁的一個原因，尤其在試算表發揮管理上的功用之後，常有編製試算表的需要，分類帳頁上有了現成的餘額，便可省卻另計餘額的手續。

如果分類帳頁採用的是帳戶式，則在試算之前，需先計算餘額，以上冊第 194 頁的應收票據帳戶，用簡化的 T 字帳表示，角分省略。用帳戶式過帳的結果，將如下所示：

應收票據

12/ 8		300,000	12/16		50,000
14		50,000	26	*350,000*	300,000
21	*750,000*	400,000			

通常在結計餘額時，利用借貸雙方最後一行記載的空白地位，用鉛筆以較小的字體或斜體，註記累計金額，雙方累計金額的差額，便是該科目的餘額。借方大於貸方時稱為借差或借餘，反之則為貸差或貸餘。由於這不是正式記載於帳簿的金額，只是為便於試算而列計的數額，故可在發現累計金額計算錯誤時，或過入的金額有誤而需更改累計金額時，使用鉛筆及橡皮擦修改。用較小的字體或斜體，也是為了與正式的金額有別。

上一次試算而累計的金額，在試算之後不必擦去。因為一方面可供覆核及日後查帳審核之用，一方面可供以後繼續累計之用。例如上冊第 193 頁的銀行存款帳戶，假定每十日試算一次，則其累計金額的註記，如下所示：

銀行存款

日期	累計	金額	日期	累計	金額
12/ 3		800,000	12/ 5		25,000
8	1,000,000	200,000	5		12,000
16	1,050,000	50,000	6		200,000
26	1,350,000	300,000	10	587,000	350,000
			12		100,000
			16		50,000
			20	747,667	10,667
			21		465,000
			28		1,000
			31		14,820
			31	1,229,487	1,000

於是，在 12 月 10 日試算時，借餘為 1,000,000 – 587,000 = 413,000；在 12 月 20 日試算時，借餘為 1,050,000 – 747,667 = 302,333；在 12 月 31 日試算時，借餘為 1,350,000 – 1,229,487 = 120,513。

在結計各科目的餘額時，須注意下述二點：

★(一)細總相馭

如果這一科目的下面尚有明細科目，則應該同時對其所統馭的全部明細科目結計餘額，並且根據細總相等的簿記原理，檢視全部明細科目的餘額，是否與該總帳科目的餘額相等。這在第十章第十節細總相馭一節已經述明。

倘使細總不相等，則必須立即尋查錯誤的所在，予以更正，方可進行試算。

★(二)實行試算

序時簿使用專欄，或分設特種序時簿的時候，平時僅有一部份的借貸帳項過入總帳，尚未完成全部過帳手續。此時倘使有試算的必要，則有下列四種方式：

1. 配合定期的試算，使序時簿按期結總而過帳。
2. 對各該序時簿的專欄與特種序時簿予以結計及辦理過帳，以使全部帳項均行過帳完畢。
3. 僅在序時簿上臨時結計，以使有關的總帳科目得以結出餘額，但不辦理過帳，以省手續。
4. 直接利用記帳憑證彙集各總帳科目的餘額，不必等到序時簿的結計與過帳。

許多日計表常直接利用記帳憑證而彙集。此時可進一步以日計表代替總帳，以省卻過帳的手續，或以日計表代替序時帳簿，以簡省記帳的手續。

第四節 日計表式的試算

所謂日計表式的試算，意即依循下列公式進行試算作業：

$$期初餘額 \pm 本期帳項 = 期末餘額$$

★(一)日計表

日計表的計算公式為：

$$截至上日止餘額 \pm 本日金額 = 截至本日止金額$$

★(二)旬計表

旬計表的計算公式為：

$$上旬末餘額 \pm 本旬金額 = 本旬末餘額$$

★(三)月計表

月計表的計算公式為：

$$上月底餘額 \pm 本月金額 = 本月底餘額$$

　　正式編製日計表、旬計表或月計表時，著重在本期金額與期末餘額，對於期初金額或上期末的餘額，常予省略，可參閱上冊第 128 頁銀行日計表的格式。

　　包括期初餘額的試算表，稱為聯合式試算表 (Combined Trial Balance)。

　　這種格式的試算表，如果每日編製，可以代替序時簿及總帳，以省卻記帳及過帳的手續。如果每週、每旬或每月編製，可使各科目在各期間的連續變化，簡明顯示。聯合式試算表除按日者外，其表名下面的期日應該列明期初與期末的日期，或足以顯示期間的名稱。下例為一張按月的聯合式試算表。

恩 隆 商 行
聯 合 式 試 算 表
中華民國 103 年 2 月份　　　　　　　　　　　　　　第 1 頁

帳戶名稱	月初餘額試算表 借方	月初餘額試算表 貸方	本月合計 借方	本月合計 貸方	期末餘額試算表 借方	期末餘額試算表 貸方
現金	$ 119,129 00		$ 15,000 00	$ 130,021 00	$ 4,108 00	
銀行往來	89,100 00		320,300 00	667,400 00		$258,000 00
零用金	5,000 00				5,000 00	
短期投資	10,000 00				10,000 00	
應收帳款	504,100 00		815,900 00	213,250 00	1,106,750 00	
應收票據	300,000 00		163,000 00	313,000 00	150,000 00	
存貨	10,000 00				10,000 00	
預付結匯款	75,575 00			75,575 00		
預付貨款	100,350 00				100,350 00	
其他流動資產	21,000 00				21,000 00	
代付墊付款	8,000 00				8,000 00	
土地	100,000 00				100,000 00	
建築物	200,000 00				200,000 00	
運輸設備	30,000 00				30,000 00	
生財器具	10,200 00				10,200 00	
長期投資	100,000 00				100,000 00	
租賃權益	20,000 00				20,000 00	
商標權	50,000 00				50,000 00	
未完工程			70,000 00		70,000 00	
存出保證金	2,000 00				2,000 00	
過　次　頁	$1,754,454 00		$1,384,200 00	$1,399,246 00	$1,997,408 00	$258,000 00

帳戶名稱	月初餘額試算表 借 方	月初餘額試算表 貸 方	本月合計 借 方	本月合計 貸 方	期末餘額試算表 借 方	期末餘額試算表 貸 方
承前頁	$1,754,454 00		$1,384,200 00	$1,399,246 00	$1,997,408 00	$ 258,000 00
未攤提費用	10,000 00				10,000 00	
應付帳款		$ 200,000 00	290,000 00	580,000 00		490,000 00
應付票據		350,000 00	350,000 00			
預收款項		–				–
暫收款				5,000 00		5,000 00
存入保證金		10,000 00				10,000 00
代收保管款		180 00	180 00	230 00		230 00
資本主投資		1,260,000 00				1,260,000 00
銷貨收入		1,509,100 00		815,900 00		2,325,000 00
銷貨退回			40,100 00		40,100 00	
銷貨折讓			3,200 00		3,200 00	
租金收入		2,000 00				2,000 00
利息收入				500 00		500 00
投資收入		5,000 00				5,000 00
其他收入		200 00				200 00
進貨	1,623,000 00		677,575 00		2,300,575 00	
進貨退出		100,000 00				100,000 00
進貨折讓		3,000 00		5,800 00		8,800 00
薪資支出	15,000 00		20,000 00		35,000 00	
郵電費	606 00		560 00		1,166 00	
文具用品費	2,000 00				2,000 00	
交際費	400 00		430 00		830 00	
印刷費	1,500 00		20 00		1,520 00	
水電費	1,300 00		1,820 00		3,120 00	
過　次　頁	$3,408,260 00	$3,439,480 00	$2,768,085 00	$2,806,676 00	$4,394,919 00	$4,464,730 00

帳戶名稱	月初餘額試算表		本月合計		期末餘額試算表	
	借　方	貸　方	借　方	貸　方	借　方	貸　方
承前頁	$3,408,260 00	$3,439,480 00	$2,768,085 00	$2,806,676 00	$4,394,919 00	$4,464,730 00
修繕費	1,500 00				1,500 00	
稅捐	20 00		15,091 00		15,111 00	
旅費	3,000 00		2,000 00		5,000 00	
運費	3,000 00		150 00		3,150 00	
廣告費	20,000 00		1,500 00		21,500 00	
自由捐贈	2,000 00				2,000 00	
保險費			12,450 00		12,450 00	
租金支出			3,000 00		3,000 00	
職工福利			3,000 00		3,000 00	
投資損失	500 00				500 00	
雜費	1,000 00		1,200 00		2,200 00	
團體會費	200 00		200 00		400 00	
合　　計	$3,439,480 00	$3,439,480 00	$2,806,676 00	$2,806,676 00	$4,464,730 00	$4,464,730 00

第五節　總額式試算表

　　一般實務上所常用的試算表有兩種，分別為總額式試算表 (Trial Balance of Totals) 及餘額式試算表 (Trial Balance of Balances)。

　　總額式試算表又稱合計式試算表，是將總帳每一科目的借方總額及貸方總額，都抄列下來以編製試算表。茲仍以恩隆商行為例，其總額式試算表列示該行 103 年度 1、2 兩月份各科目的借方及貸方的合計數，所以若干科目，並不與聯合式試算表上期初餘額（是借貸相減後的淨差）加本月合計的數額相等。尤其是負債類的預收款項，在聯合式試算表上因無餘額，可省卻不列，而在總額式試算表上，則仍須列其借方與貸方的金額。如果已無餘額的科目頗多，則總額式試算表會較為累贅。總額式試算表的原理為：

$$\sum Dr = \sum Cr$$
借方各筆的總和　　貸方各筆的總和

　　而且總帳借方各筆的總和，應該與序時簿上借方各筆的總和相等，貸方亦然。藉此可以查核：

　　1. 過帳有無遺漏。

　　2. 過帳時有無借貸方金額同時過錯的情形。例如 $120 在借貸方都誤過成為 $1,200 或 $210 等。

　　倘有上述錯誤時，總額式試算表最後結出的總數，便不會與序時簿的總數相符合。

恩　隆　商　行

總　額　式　試　算　表

中華民國 103 年 2 月 28 日　　　　　　　　　　第 1 頁

帳戶名稱	借方合計		貸方合計	
現金	$ 996,130	00	$ 992,022	00
銀行往來	1,615,300	00	1,873,300	00
零用金	5,000	00		
短期投資	15,000	00	5,000	00
應收帳款	1,320,000	00	213,250	00
應收票據	813,000	00	663,000	00
存貨	10,000	00		
預付結匯款	75,575	00	75,575	00
預付貨款	105,350	00	5,000	00
其他流動資產	21,000	00		
代付墊付款	8,000	00		
土地	100,000	00		
建築物	200,000	00		
運輸設備	30,000	00		
生財器具	10,200	00		
長期投資	100,000	00		
租賃權益	20,000	00		
商標權	50,000	00		
未完工程	70,000	00		
存出保證金	2,000	00		
過　　次　　頁	$5,566,555	00	$3,827,147	00

第 2 頁

帳戶名稱	借方合計		貸方合計	
承　　前　　頁	$5,566,555	00	$3,827,147	00
未攤提費用	10,000	00		
應付帳款	492,000	00	982,000	00
應付票據	815,000	00	815,000	00
預收款項	10,000	00	10,000	00
暫收款			5,000	00
存入保證金			10,000	00
代收保管款	2,780	00	3,010	00
資本主投資			1,260,000	00
銷貨收入			2,325,000	00
銷貨退回	40,100	00		
銷貨折讓	3,200	00		
租金收入			2,000	00
利息收入			500	00
投資收入			5,000	00
其他收入			200	00
進貨	2,300,575	00		
進貨退出			100,000	00
進貨折讓			8,800	00
薪資支出	35,000	00		
郵電費	1,166	00		
文具用品費	2,000	00		
交際費	830	00		
印刷費	1,520	00		
水電費	3,120	00		
過　　次　　頁	$9,283,846	00	$9,353,657	00

帳戶名稱	借方合計	貸方合計
承　前　頁	$9,283,846 00	$9,353,657 00
修繕費	1,500 00	
稅捐	15,111 00	
旅費	5,000 00	
運費	3,150 00	
廣告費	21,500 00	
自由捐贈	2,000 00	
保險費	12,450 00	
租金支出	3,000 00	
職工福利	3,000 00	
投資損失	500 00	
雜費	2,200 00	
團體會費	400 00	
合　　計	$9,353,657 00	$9,353,657 00

 第六節　餘額式試算表

在通常的情況下，係假定由序時簿過入總帳的時候，沒有過帳上的筆誤，所以編製試算表時，常採用較為簡便的餘額式試算表。餘額式與總額式的試算表，都須列明是那一日的試算，因為日期不同，過入的帳目不同，試算表內的金額便不同了。

下表仍是恩隆商行 103 年 2 月底的試算，改以餘額式列出，比較之下，可見餘額式較為簡明。

恩　隆　商　行
餘　額　式　試　算　表
中華民國 103 年 2 月 28 日　　　　　　　　第 1 頁

帳戶名稱	借方金額		貸方金額	
現金	$　　4,108	00		
銀行往來			$258,000	00
零用金	5,000	00		
短期投資	10,000	00		
應收帳款	1,106,750	00		
應收票據	150,000	00		
存貨	10,000	00		
預付結匯款			—	
預付貨款	100,350	00		
其他流動資產	21,000	00		
代付墊付款	8,000	00		
土地	100,000	00		
建築物	200,000	00		
運輸設備	30,000	00		
生財器具	10,200	00		
長期投資	100,000	00		
租賃權益	20,000	00		
商標權	50,000	00		
未完工程	70,000	00		
存出保證金	2,000	00		
過　　次　　頁	$1,997,408	00	$258,000	00

帳戶名稱	借方金額	貸方金額
承　　前　　頁	$1,997,408 00	$　258,000 00
未攤提費用	10,000 00	
應付帳款		490,000 00
應付票據		－
預收款項		－
暫收款		5,000 00
存入保證金		10,000 00
代收保管款		230 00
資本主投資		1,260,000 00
銷貨收入		2,325,000 00
銷貨退回	40,100 00	
銷貨折讓	3,200 00	
租金收入		2,000 00
利息收入		500 00
投資收入		5,000 00
其他收入		200 00
進貨	2,300,575 00	
進貨退出		100,000 00
進貨折讓		8,800 00
薪資支出	35,000 00	
郵電費	1,166 00	
文具用品費	2,000 00	
交際費	830 00	
印刷費	1,520 00	
水電費	3,120 00	
過　　次　　頁	$4,394,919 00	$4,464,730 00

第 3 頁

帳戶名稱	借方合計	貸方合計
承　前　頁	$4,394,919 00	$4,464,730 00
修繕費	1,500 00	
稅捐	15,111 00	
旅費	5,000 00	
運費	3,150 00	
廣告費	21,500 00	
自由捐贈	2,000 00	
保險費	12,450 00	
租金支出	3,000 00	
職工福利	3,000 00	
投資損失	500 00	
雜費	2,200 00	
團體會費	400 00	
合　　計	$4,464,730 00	$4,464,730 00

✎ 第七節　預計式的試算

　　普通的試算表是將總帳各帳頁的餘額抄列下來而編製的。但在企業的經營上，常需預測營運的情況進而編製預算，以及提供決策的參考依據。這時可以參考第四節聯合式試算表的編製方式辦理。

　　下例是一個比較簡單的製造業，對開始營業後第一年的情況予以估計，第一季與第二季為按季估計，第三季與第四季合併，即為按半年估計。開始製造前的各科目餘額，即為期初的餘額，各季估計即為本期帳項的彙集，由之而得期末試算的餘額。製造業的存貨，通常分為原料、物料、在製品（即還未完成的產品）與製成品四類。表上第一季的借貸，假定各項費用皆以現金付出，銷貨收入的一部份為應收帳款，其餘收現，折舊按年至第四季末提列。

三民製造公司
預計試算表
中華民國 103 年度

103 年 1 月 2 日編

項　目	開始製造前 借	開始製造前 貸	第一季 借	第一季 貸	試算 借	試算 貸	第二季 借	第二季 貸	試算 借	試算 貸	第三及四季 借	第三及四季 貸	試算 借	試算 貸
流動資產														
現金	20,683		3,000	10,226	13,457		21,800	27,365	7,892		80,000	81,254	6,638	
應收帳款			5,900		5,900		10,700	5,900	10,700		10,700	10,700	10,700	
存貨－期初														
原料	10,000				10,000				10,000				10,000	
在製品														
製成品														
物料	500				500				500				500	
固定資產														
機器	7,039				7,039				7,039				7,039	
累計折舊												704		704
家具及工具與設備	2,178				2,178				2,178				2,178	
累計折舊												218		218
房屋	9,600				9,600				9,600				9,600	
累計折舊												640		640
土地														
資　本														
股本		50,000				50,000				50,000				50,000
盈餘														
收　益														
銷貨收入				8,900		8,900		26,600		35,500		80,000		115,500
費　用														
進貨														
原料			4,360		4,360		13,000		17,360		41,500		58,860	
物料							500		500		1,000		1,500	
薪資支出			4,650		4,650		10,470		15,120		27,924		43,044	
水電費			375		375		375		750		750		1,500	
銷售費用			654		654		2,350		3,004		7,840		10,844	
管理費用			187		187		670		857		2,240		3,097	
折舊											1,562		1,562	
	50,000	50,000	19,126	19,126	58,900	58,900	59,865	59,865	85,500	85,500	173,516	173,516	167,062	167,062

第八節　試算不平衡時的錯誤

在簿記工作的程序上，試算是過帳完畢之後的工作。從會計事項的分錄開始到試算，簿記工作處理交易的程序，如下所示：

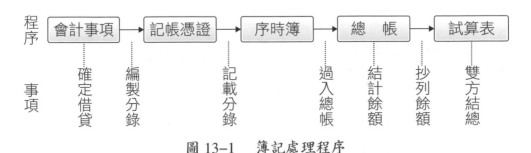

圖 13-1　簿記處理程序

試算的不平衡，是指試算表上借方與貸方結計總和的時候，雙方不能相等。其不平衡可能為上述工作過程中所發生的錯誤：

一、在試算表上者

1. 借方與貸方結計總數時加錯。

2. 結總無誤，但在抄列餘額時抄錯，可能為：

　(1)將餘額誤列於對方，例如將借方餘額誤列於貸方。

　(2)將一個或多個科目的餘額漏抄。

　(3)將一個或多個科目的餘額抄錯，例如 3 誤記為 8。通常抄錯的情形，為數字倒置或數字移位。例如 123 誤記為 132，或 $1,020 誤記為 $102。

二、由於總帳有誤者

1. 借方或貸方的餘額，結錯數字。

2.餘額未結錯，但借方或貸方的金額欄加計總數時錯誤。

3.係過帳時的錯誤：

　(1)過錯方向，例如借方過入貸方。

　(2)借方或貸方有一筆或多筆重複過帳。

　(3)借方或貸方，有一筆或多筆漏過。

　(4)金額過錯，或發生數字倒置、數字移位。

✪ 三、由於序時簿有誤者

即序時簿上的借貸分錄並不平衡，可能為：

1.漏列一方的金額。

2.錯列一方的金額。

3.金額發生數字倒置或數字移位。

借貸方有多個科目的複雜分錄時，一個分錄記在序時簿的帳頁之末而連續過入次頁時，易於發生上述的錯誤。用多欄式的序時簿，一筆分錄的借方與貸方，分別記入有關的專欄時，更容易發生金額漏列與列錯的情形。

✎ 第九節　不平衡錯誤的查核

對於試算不平衡的錯誤，其查核的程序，通常為按照簿記工作的程序回溯查對：

1.將試算表重行加計一遍，核算試算表借貸方金額加總是否錯誤。

2.檢視試算表上的科目，有無科目漏列。規模較大的機構，因而使用已印就科目名稱與順序編號的試算表用紙，以減少科目漏列的可能性。

3.將試算表列的各餘額與總帳各科目相核對。

4.將總帳各科目的餘額重新檢核與計算。

5.與序時簿逐筆核對過帳。每核一筆，在總帳及序時帳該筆金額之後，

各打「✓」號。核畢金額無誤之後，還須查核：

⑴序時簿上有未打「✓」號的，表示其為漏未過帳的。

⑵總帳上有未打「✓」號的帳項，表示其為誤過的帳項。

6.覆核序時簿，檢查每一會計事項的借貸分錄是否平衡。

如果有明細帳時，須先將明細帳的各餘額開列清單結總，與其統馭帳戶的餘額相核對。倘使細總不能相等，而明細帳各餘額在抄列清單與結總時皆無誤，則：

1.倘用明細帳各餘額的總額代替試算表上統馭帳的餘額，便可使試算表平衡時，則可認定錯誤在統馭帳。

2.倘在試算表上已證明錯誤不在統馭帳的餘額時，則可認定明細帳的記載有誤，須核對明細帳各筆的過帳。

🖊 第十節　金額的錯誤、倒置與移位

許多不平衡的錯誤，係由於數字的錯誤、倒置與移位。在試算表上、分類帳上、序時簿上，以及工作底稿與各種報表都會發生這類的錯誤。

首先須將不平衡的數額計算出來，例如相差之數係借方多 $3,000，則可以採取下列作法：

1.查核是否貸方有一筆 $3,000 漏列。

2.查核是否在借方重複多列了一筆 $3,000。

3.查核是否借方有一筆金額，將 $5,000 誤記為 $8,000；或者貸方將 $8,000 誤記為 $5,000。

4.以該數除以 2，得數 $1,500，因此可查核是否有一筆貸方的 $1,500，誤列到了借方，以致一進一出，相差原數的一倍。

列入的金額，常會倒置與移位，可根據十進位制各位數額間的關係，予以查核。數字倒置 (Transposition) 與數字移位 (Transplacement or Slide) 錯誤

的差數，都可以用 9 除盡，所以在查核時，常先以相差之數除以 9。例如：

1. 相差 45，除以 9 得 5，便為在個位與十位之間數字倒置，而二個鄰位之數相差為 5，即可能為 94 與 49、83 與 38、72 與 27、61 與 16 及 50 與 05 之間的顛倒。相差 450，為十位與百位間的顛倒。

同理相差 36，除 9 得 4，即為倒置的二個鄰位數相差是 4，例如 73 與 37 等。此時差額各位數字之和為 9。例如：

相差	45		360		2700	
倒置位數	十位與個位		百位與十位		千位與百位	
可能顛倒之數	94 與 49		950 與 590		9600 與 6900	
	83	38	840	480	8500	5800
	72	27	730	370	7400	4700
	61	16	620	260	6300	3600
	50	05	510	150	5200	2500
			400	040	4100	1400
					3000	0300
顛倒二數間之差	$\frac{45}{9}=5$		$\frac{36}{9}=4$		$\frac{27}{9}=3$	

2. 相差之數，中間為 9，兩頭相加亦為 9 時，可能首尾數字倒置，例如：

相差	495		4995	
倒置位數	百位與個位		千位與個位	
可能顛倒之數	904 與 409		9114 與 4119	
	813	318	8003	3008
	722	227	7992	2997
	631	136	6881	1886
	540	045	5770	0775
型式	anb	bna	annb	bnna
	a + b = 9		a + b = 9	

3. 相差之數，首尾相加為 10 或 9 時，可能全數倒置，例如：

8062	誤為	2608	相差	5454	首尾相加為	9
3542	誤為	2453	相差	1089	首尾相加為	10
6183	誤為	3816	相差	2367	首尾相加為	9
7852	誤為	2587	相差	5265	首尾相加為	10
84321	誤為	12348	相差	71973	首尾相加為	10

4.差額為一個 9 或多位 9 的倍數時，可能為移位，例如：

差額	3123	31230	34353
相除	9	9	99（除以 9 之後，再除以 11）
得數	347	3470	347
移位之二數	347 與 3470	3470 與 34700	347 與 34700

✒ 第十一節　試算可能無法發現的錯誤

已經平衡的試算表，只能表示借貸餘額結總相等，並非保證帳項已必無誤，因為尚可能有下列各項的錯誤：

1.整個分錄重複記帳或重複過帳。

2.整個分錄漏記或漏過。

3.借貸雙方發生同額的錯誤，例如借貸方相互顛倒入帳及過帳。

4.借貸一方發生相互抵銷的錯誤，例如一筆多計的錯誤，剛好與一筆少計的錯誤相抵銷。

5.過入錯誤的帳戶，例如應過入應收帳款帳戶，卻誤過入應收票據帳戶。

6.在作分錄的時候，使用了錯誤的科目。

這些在試算時易致不平衡的錯誤，以及在平衡時仍可能發生錯誤，應該在平時的簿記工作程序中予以防止，因此：

1.在作分錄的時候，要留意所用的科目。

2. 記入序時簿時，要注意借方與貸方，勿記入錯誤的方向，且須注意借貸金額的平衡。

3. 在過帳時，須在序時簿的類頁欄，與分類帳頁上的日頁欄，分別註記，以免遺漏過帳。

4. 結計餘額的時候，宜重複核算一遍。

人手較多時，宜有一位覆核員，對已登載的帳項，予以覆核，並逐筆核對過帳的記載。每一年度的帳項，並宜延請外界的會計師查核。

一、問答題

1. 試算的工作，通常用哪幾種辦法？

2. 試算在驗證過帳後的平衡之外，尚有哪些作用？

3. 在結計各科目的餘額時，有什麼是需要注意的？

4. 使用專欄式序時簿而平時未完成全部過帳之前，倘有試算的必要，可用哪些方式？

5. 何謂聯合式試算表？試列述其公式。

6. 簡釋總額式試算表與餘額式試算表。

7. 簡列自會計事項至試算表的簿記工作程序。

8. 試算不平衡時，可能有哪些錯誤？

9. 試算不平衡時，應如何查核錯誤？

10. 首尾數字倒置的錯誤，可以如何查出？

11. 數字移位的錯誤，可以如何查出？

12. 列述試算不能發現的錯誤。

13. 平時的簿記工作，應該如何防止錯誤的發生？

二、選擇題

(　　) 1. 透過試算表檢查錯誤之程序，可以發現之錯誤為：

　　　　(A)借貸兩方偶生同額之錯誤　(B)借方金額過入貸方　(C)會計科目運用不當

(D)日記簿的分錄漏過分類帳 【丙級技術士檢定】

( ) 2.設有一筆交易，借：現金 $2,000，貸：應收帳款 $2,000，於過帳時，借貸方向

錯誤，試算表所發生的差額為：

(A) $2,000 (B) $4,000 (C) $8,000 (D) $0 【丙級技術士檢定】

( ) 3.試算表借貸差額為 45，則可能由於差額為：

(A) 9 (B) 4 (C) 5 (D) 6 的兩位數字倒置 【丙級技術士檢定】

( ) 4.應收帳款帳戶，過帳後正確餘額為借餘 $2,000，若貸方重複過帳 $1,000，則此

項錯誤對總額式試算表的影響為何？

(A)借方少 $1,000，貸方無誤 (B)借方無誤，貸方多 $1,000 (C)借方無誤，貸方

少 $1,000 (D)借方少 $1,000，貸方少 $1,000 【丙級技術士檢定】

( ) 5.下列有關試算的敘述何者錯誤？

(A)若發生數字移位時，試算表借貸方總額的差數可被 9 除盡 (B)應收帳款收現

$6,100，誤記為應付帳款付現，將使餘額式試算表借方總額虛減 $6,100 (C)試

算表均為每月編製一次 (D)原始憑證的錯誤，無法經由試算發現

【丙級技術士檢定】

( ) 6.用品盤存帳戶，過帳後正確餘額為借餘 $1,000，若貸方重複過入 $3,000 時，則

此項錯誤對餘額式試算表的影響是：

(A)借方少 $2,000，貸方多 $1,000 (B)借方無誤，貸方多 $2,000 (C)借方少

$1,000，貸方多 $2,000 (D)借方少 $2,000，貸方無誤 【丙級技術士檢定】

( ) 7.臺中公司編製 101 年 4 月 30 日試算表時，借、貸不平衡，經檢查發現償付應

付帳款 $20,600，分類帳上貸記現金 $20,600，貸記應付帳款 $26,000。該公司

於試算表上應如何更正？

(A)應付帳款減少 $5,400 (B)應付帳款減少 $20,600 (C)應付帳款減少 $26,000

(D)應付帳款減少 $46,600 【丙級技術士檢定】

( ) 8.下列何者為試算表所不能發現的錯誤？

(A)會計科目運用不當 (B)借貸之一方金額記載錯誤 (C)試算表漏列一科目

　　　　(D)金額之移位或換位　　　　　　　　　　　　　　　【丙級技術士檢定】

(　) 9.過帳時有一借方金額誤以十倍之數過入同科目之貸方時，導致試算表不能平

　　　　衡，其貸方大於借方之數：

　　　　(A)可以用 11 除盡求得錯誤金額　(B)可以用 5 除盡求得錯誤金額　(C)可以用 7

　　　　除盡求得錯誤金額　(D)可以用 9 除盡求得錯誤金額　　　　【丙級技術士檢定】

(　) 10.臺中公司 101 年底餘額式試算表的借貸方總額不相等，借方總額為 $100,000，

　　　　經查帳冊，發現下列事實：a.某交易貸記應付帳款 $3,600，過帳時過入應付帳

　　　　款之借方；b. 現付房租 $2,000，未入帳；c.加計應付帳款借方金額時，借方總

　　　　額為 $980，誤記為 $930。則該試算表上原貸方總額為：

　　　　(A) $92,800　　(B) $92,850　　(C) $94,450　　(D) $96,450　　【丙級技術士檢定】

三、練習題

1.雅姿洋裁店於民國 103 年 1 月初成立，其 1 月份交易如下：

　　1 日　資本主蔡阿嘎投資現金 $500,000。

　　　　　付房東本月份租金 $15,000。

　　3 日　買入縫衣機三架，每架 $5,000，如數付現。

　　　　　買入木器家具 $1,500、洋裁工具剪刀等 $400，縫製用品 $100。以費用帳列式，

　　　　　俱如數付現。

　　5 日　付雜項費用 $100。

　10 日　上旬洋裁收益 $1,000，俱已收現。

　15 日　代客購置襯裡 $100。

　18 日　付雜項費用 $150。

　20 日　中旬客戶交來 $1,500，包括歸還代置襯裡之款，其中有 $300 係預付、內 $200

　　　　　為天馬劇團預付、$100 為培恩育幼院預付。

　22 日　付牛皮紙袋及裝衣之紙盒計 $200。

　25 日　天馬劇團訂製服裝本日交貨，除前預付 $200 外，結欠 $1,800。

　26 日　現付縫製用品 $100。

28 日　現款訂閱時裝月刊一年，計 $1,200，本月份已收到。

30 日　保險費全年 $2,400，已付訖。

31 日　付薪資 $20,000。

下旬現金收入洋裁收益 $2,000。

天馬劇團服裝費，本日收到 $1,000。

試就以上事項，登入序時簿（可僅用一本普通日記簿），過入總帳，並編製試算表。

2. 成義商店於 102 年 12 月 1 日設立，該月份會計事項如下：

1 日　資本主樂成義投資現金 $46,000，商品 $4,000，開始營業。

付 12 月份房租 $1,200（所扣租賃所得稅，業與房東一同前往繳訖，本店可不作帳）。

付事務員零用金 $3,000。

2 日　賒購生財器具一批，購自榮昌木器行，地址：臺北市長沙街○○號，計 $2,400。

3 日　賒銷元德行商品 $3,200，發票 #1，地址：臺北市通化街○○號。

4 日　自中南公司賒購貨品 $20,000，地址：臺北市中華路○○號，電話 22235352。

5 日　自美雅公司賒購貨品 $10,000，地址：臺北市南京西路○○號，電話 22545454。

7 日　現銷商品 $1,800，發票 #2 至 #4。

8 日　現銷商品 $2,100，發票 #5 至 #8。

10 日　自聯生公司賒購貨品 $15,000，地址：臺北市中正路○○號，電話 22546262。

11 日　賒銷天南商行 $8,000，地址：臺北市永吉街○○號，發票 #9。

12 日　賒銷吉春商店 $9,000，地址：臺北市永和區文化街○○號，發票 #10。

14 日　現銷商品 $2,500，發票 #11 及 #12。

15 日　付中南公司 $15,000，本日又向之賒購 $10,000。

16 日　向大都公司賒購貨品 $12,000，當即付現 $2,000。

17 日　事務員報銷上半月零用金，計：

推銷費用	$ 800
管理費用	600
保險費全年	1,200

經如數以現款付予，以補足零用金。

18 日　付清榮昌木器行價款。

19 日　元德行交來貨款 $3,000，本日又來賒購貨品 $8,000，發票 #13。

20 日　賒銷和美行 $8,000，地址：臺北市廈門街○○號，電話 22223570，發票 #14。

21 日　付美雅公司 $8,000，本日又向美雅公司賒購貨品 $14,000。

22 日　現銷商品 $3,600，發票 #15 及 #16。

23 日　付聯生公司貨款 $8,000，本日又再賒購貨品 $15,000。

24 日　天南商行交來現款 $7,500，退回貨品 $500，另賒購貨品 $10,000，發票 #17。

　　　所退貨品查係向美雅公司所進，經向美雅接洽，該公司同意折讓 $250。

25 日　資本主提用現款 $2,000。

26 日　現銷商品 $3,000，發票 #18 至 #20。

27 日　吉春商店交來貨款 $5,000，又向本店賒購貨品 $4,000，發票 #21。

28 日　付大都公司 $10,000，本日又向其賒購 $12,000。

29 日　賒銷玉清商店 $8,000，地址：臺北市重慶北路○○號，發票 #22。

30 日　現銷商品 $4,000，發票 #23 至 #26。

31 日　付本月薪工 $4,000。

　　　事務員報銷，如數付以現金，計：

推銷費用	$600
管理費用	700

付房東電話押金 $10,000，記入「存出保證金」科目。

試設置銷貨簿及專欄式普通日記簿各一，於記帳後過入總帳，並編製試算表。

3.下列為雙璧商行開業第一個月末的試算表，未能平衡：

雙 璧 商 行
試 算 表
中華民國 103 年 1 月 31 日

現金	$ 2,060	
銀行存款	5,230	
應收帳款	26,120	
應收票據	1,000	
運輸設備	12,000	
生財器具	4,000	
預付保險費	1,200	
營業用品	1,000	
存出保證金	10,000	
應付票據		$ 3,600
應付帳款		52,050
資本主—趙玉成		20,000
資本主—錢白圭		20,000
資本主暫存—趙玉成		2,000
銷貨收入		100,300
佣金收入		1,000
進貨	112,600	
進貨運費	2,800	
廣告費	3,000	
推銷費用	1,000	
租金支出	2,000	
薪資支出	6,000	
水電費	800	
雜項費用	1,400	
合 計	$192,210	$198,950

其應收帳款明細帳餘額，經核對無誤，抄錄於下：

#1	$4,600
2	3,800
3	1,250
4	1,060
5	2,000
6	3,400
7	2,500
8	3,300
9	2,120
10	2,200

其應付帳款明細帳餘額結總為 $50,050，經查總帳應付帳款貸方總額為 $112,600，借方總額應為 $62,550，誤註為 $60,550。

銀行存款帳內，查有一筆開出支票 $1,070 誤記為 $1,700。

試根據以上資料，

(1)改正試算表上有關數字。

(2)尚有哪一金額，應予改正，以使平衡?

(3)平衡後的借貸方總額，應為若干?

第十四章

結　算

🖊 第一節　概　述

　　會計事項，經過各種簿記程序，分類歸入有關的科目以後，恆需定期結算，就是結帳 (Closing)。在結算時主要有兩種不同的方式：

　　1. 將各科目結出餘額，而編製試算表，然後利用試算表作簡便的結算。

　　2. 作期末的調整，編出調整後的試算表，據以編製正式的財務報表，主要是編出這期的損益表與期末的資負表。

　　結算的意義，是將帳目作一總結，由之計算當期的損益，及結計本期期末的財務狀況，即資產負債與資本權益的狀況。本書第二章已舉例說明單式簿記現金制的結算，那一張現金收支表，就等於是現金制時的試算表，由之便可結算損益與編出資產負債表來。

　　雙式簿記在平時用現金制的，也可逕由試算表而簡便的結算。但要編製按照應計制的財務報表，則必須作期末調整。

🖊 第二節　不經調整而結算

　　單式簿記不經調整便行按現金制而結算，其結算而得的損益與資產負債表的狀況，恆不準確；複式簿記則在結算時，須經過調整。但也偶有不經調整的。茲假定西門商行在民國 103 年 1 月份月底結算時，業由帳簿抄錄餘額，試算如下，各科目的編號，原則上依照經濟部商業司所訂定的「會計科目中英文對照及編碼」為準，參見本書上冊第 63 至 79 頁。

西 門 商 行
試 算 表

中華民國 103 年 1 月 31 日

科 目	帳號	餘 額 借方	餘 額 貸方
現金	111	$ 8,250	
應收票據	113	11,400	
應收帳款	114	32,750	
存貨 1/1	121	30,000	
設備	144	16,300	
應付票據	213		$ 5,000
應付帳款	214		7,600
資本主資本一賈連喜	311		48,000
銷貨收入	411		61,600
銷貨退回	417	600	
進貨	512	20,000	
進貨退出	5123		1,100
營業費用	625	4,000	
合 計		$123,300	$123,300

　　假設該店至 1 月底時,已將進貨與 1 月初的存貨,全已售訖,於是不必經過調整,便可編出工作底稿,結算如下頁。

　　本表資負表的兩欄,通常只有最後包括本期淨利或淨損的一次合計,但在簿記上初步編製時,宜分為兩階段合計,第一階段是在未計本期淨利之前,先行核對損益表與資負表借方欄及貸方欄的合計,是否與試算表的借方與貸方合計數相等。如果不相等,表示從試算表抄至損益表或資負表時,已經有誤,需予校正。根據下列工作底稿,第一階段計算損益表與資負表借方欄合計為 123,300 (= 54,600 + 68,700)、貸方欄合計為 123,300 (= 62,700 + 60,600),分別與試算表的借方合計數與貸方合計數相等無誤,故可進行第二階段,將本期淨利計入工作底稿。計入本期淨利之後,損益表與資負表的借方欄合計

為 131,400 (= 54,600 + 8,100 + 68,700)、貸方欄合計也是為 131,400 (= 62,700 + 60,600 + 8,100)，借貸恆平，試算步驟暫且告一段落。雖然借貸平衡了，但仍有可能會發生入錯科目與金額等情事，簿記人員宜應特別注意。

西 門 商 行

工 作 底 稿

中華民國 103 年 1 月份

科　　目	試算表 借方	試算表 貸方	損益表 借方	損益表 貸方	資負表 借方	資負表 貸方
現金	$ 8,250				$ 8,250	
應收票據	11,400				11,400	
應收帳款	32,750				32,750	
存貨 1/1	30,000		$30,000			
設備	16,300				16,300	
應付票據		$ 5,000				$ 5,000
應付帳款		7,600				7,600
資本主資本一賈連喜		48,000				48,000
銷貨收入		61,600		$61,600		
銷貨退回	600		600			
進貨	20,000		20,000			
進貨退出		1,100		1,100		
營業費用	4,000		4,000			
合　　計	$123,300	$123,300	54,600	62,700	68,700	60,600
本期淨利			8,100			8,100
合　　計			$62,700	$62,700	$68,700	$68,700

第三節　六欄表與簡易調整

在結算時，恆用工作底稿 (Working Papers; Work Sheet，注意：用英文時勿寫為 Work Paper, Working Paper，或 Work Sheets，或 Working Sheet)，我

國的譯名，亦稱為工作底表、結帳工作底表，及結帳計算表。通常按其欄數
稱為六欄表、八欄表、十欄表及十二欄表。上節所舉的例，即為六欄表。

六欄表是：試算表二欄、損益表二欄、資負表二欄。

用六欄表有二種情形：

1. 不經調整而結算。

2. 以調整後的試算表結算，可參考本書上冊第 59 頁所舉的科目攤列表。

意即以六欄表上的試算表，有時是逐由帳簿抄列的試算表、有時是再
經過調整以後的試算表。

上節的例子是假設期末已經沒有存貨，但實務上，在期末尚有存貨者為
普遍。茲假定上例至期末時尚有存貨 $2,000。為簡易調整，其工作底稿不用
調整欄，可在第二節的工作底稿試算表的合計欄之後加上一行，如下：

科　　　目	試算表		損益表		資負表	
	借方	貸方	借方	貸方	借方	貸方
合　　　計	$123,300	$123,300	54,600	62,700	68,700	60,600
存貨 1/31				2,000	2,000	
本期淨利			10,100			10,100
合　　　計			$64,700	$64,700	$70,700	$70,700

期末存貨是資負表上的資產科目，所以工作底稿上須列在資負表的借方
欄，其相對的貸方，便列在損益表的貸方欄。調整完之後，由於損益表結計
出的本期淨利歸屬於資負表權益項下的加項（貸方），故本期淨利轉入資負表
的貸方；反之，若由損益表結計出本期淨損，則其數額轉入資負表的借方。
最後，損益表與資負表各自的借貸雙方恆相等，此工作底稿便告完成。更多
關於期末結帳的相關說明，將留待第十六章第五節再詳細介紹。

綜上所述，期末的調整事項，在不專設調整欄時，逐由工作底稿結出損
益，將成為如下格式：

	損益表		資負表	
	借方	貸方	借方	貸方
調整事項 A		×××	×××	
調整事項 B	×××			×××
本期淨利	×××			×××
或本期淨損		×××	×××	

📝 第四節　折舊事項

結算時的調整事項 (Adjustments)，最普遍者為對期末的存貨與當期的折舊。對於當期的折舊可在編製試算表之前，將折舊的分錄記入。

由於固定資產中，除了土地之外，均有其使用期限的限制，因此必須將其成本合理的分攤至受益各期，此步驟稱為折舊提列，折舊提列的分錄為：

借：　折舊　　　　　　　　　　　　×××
　貸：　　累計折舊　　　　　　　　　　　　×××

折舊為費用科目，累計折舊則為固定資產的減項。如果有多個需提折舊的固定資產科目，如第十三章第七節的例子，其分錄為：

借：　折舊　　　　　　　　　　　1,562
　貸：　　累計折舊—機器　　　　　　　　704
　　　　累計折舊—家具、工具及設備　　　　218
　　　　累計折舊—房屋　　　　　　　　640

第十三章第七節的例子，在最後第四季末的試算之前，已將折舊記列，因而對於折舊便不需另作調整。該例是製造業，原例是預計的數字，其由第四季末的試算表而編製的預計工作底稿，如下所示：

三 民 製 造 公 司
預 計 工 作 底 稿

中華民國 103 年度

科　目	預計餘額		預計製造成本		預計本期損益		預計期末資負	
	借方	貸方	借方	貸方	借方	貸方	借方	貸方
現金	6,638						6,638	
應收帳款	10,700						10,700	
存貨一期初：								
原料	10,000		10,000					
物料	500		500					
機器	7,039						7,039	
累計折舊		704						704
家具、工具及設備	2,178						2,178	
累計折舊		218						218
房屋	9,600						9,600	
累計折舊		640						640
股本		50,000						50,000
銷貨收入		115,500				115,500		
進貨：								
原料	58,860		58,860					
物料	1,500		1,500					
薪資支出	43,044		43,044					
水電費	1,500		1,500					
銷售費用	10,844				10,844			
管理費用	3,097				3,097			
折舊	1,562		1,562					
合　計	167,062	167,062	116,966		13,941	115,500	36,155	51,562
期末存貨：								
原料				7,000			7,000	
在製品				2,380			2,380	
製成品						2,970	2,970	
物料				500			500	
製造成本				107,086	107,086			
			116,966	116,966	121,027	118,470		
本期淨損						2,557	2,557	
					121,027	121,027	51,562	51,562

由預計數字而結算與用帳上實際數字結算，其工作底稿的編製方式係屬相同。本例折舊的提列，已在試算餘額之內。合計時由試算餘額所攤列入借方各欄的數額，與貸方各欄所結計的數額相等，即：

$$116,966 + 13,941 + 36,155 = 115,500 + 51,562$$
$$167,062 = 167,062$$

本例是製造業，期末的存貨有原料、在製品、製成品及物料四項。此例先將製造成本歸集。製造成本指生產時所發生的料、工及費用，這些在試算時都是借方餘額，由之減去期末所尚存的原料及物料，以及在製而尚未完成的成本，便得製造成本之數。

損益表的二欄，在借方記入製造成本之數之外，須減去已製成而尚未銷去的製成品存貨，以求得本期的損益。本例求得淨損 $2,557。各項期末的存貨，都是資產，列入資負表的借方欄內。

製造成本須先結歸損益表的借方欄，始可結計損益，所以製造成本的二欄，須先結束。

倘使折舊在試算之前尚未先作分錄入帳，則也可仿照對期末存貨的方式，不專設調整欄而逕行簡易調整。茲設本章第二節西門商行為例，在期末存貨之外，對於設備尚需在一月份提折舊 $160，則在第二節的工作底稿下段，可改列如下：

科　　　目	試算表 借方	試算表 貸方	損益表 借方	損益表 貸方	資負表 借方	資負表 貸方
合　　　計	$123,300	$123,300	54,600	62,700	68,700	60,600
折舊			160			160
存貨 1/31				2,000	2,000	
本期淨利			9,940			9,940
合　　　計			$64,700	$64,700	$70,700	$70,700

🖊 第五節 調整對結算的重要性

從本章西門商行的簡例，可見：

1. 第二節所示，沒有調整事項時的淨利為 $8,100。

2. 第三節調整期末存貨 $2,000 時，淨利便增加 $2,000，成為 $10,100。

3. 第四節再調整而提列折舊 $160 時，淨利便由上數減少 $160，而為 $9,940。

由此可見，期末結算的時候必須審慎觀察，有無調整事項須予列入。如果漏掉應該調整的事項，當期的損益便將因而不實。而且資產負債表的內容，也因而產生出入：

1. 在第二節無存貨時，西門商行的資產類內，便無存貨的金額，資產的總額，計為 $68,700。

2. 在第三節西門商行期末尚有存貨 $2,000 時，其資產類內，便列明存貨 $2,000，資產的總額增為 $70,700。

3. 在第四節西門商行提列折舊 $160 時，其工作底稿上資產總額雖仍為 $70,700，但在編製財務報表時，所提的累計折舊，通常係於其有關的資產項下列減，其格式如下：

設備	$16,300	
累計折舊	(160)	$16,140

所以調整會使得損益表與資負表的內容，都將受到影響。簿記工作到了結算期末的時候，必須作期末的調整。有的調整可以在編製試算表之前作調整分錄 (Adjusting Entries) 先行記入；有的在試算表編完、在編製結算工作底稿的時候，始作調整。不論在試算之前調整，還是在工作底稿時調整，都是在結算工作中，最為重要而須細心辦理的。

常見的調整除了第四節所述的折舊事項之外，另還有期末存貨的調整，將於下一節詳細說明。

第六節　永續盤存與定期盤存

貨品進出的記載在簿記工作上甚為重要。尤其在製造業，記載材料的進出，稱為材料帳（簡稱料帳），常設專人辦理這部份的簿記工作。

在結算期末的存貨時，簿記上有兩種方法。一種稱為定期盤存制 (Periodic Inventory System)，一種稱為永續盤存制 (Perpetual Inventory System)。本章第三節的例子，便是定期盤存制。

用定期盤存制時，到了期末，會實地點計存貨，由點計存貨的期末金額，來推算損益表中的銷貨成本，其公式為：

1. 期初無存貨且期末亦無存貨時：

$$本期進貨 = 銷貨成本$$

2. 期初無存貨而期末有存貨時：

$$本期進貨 - 期末存貨 = 銷貨成本$$

3. 期初期末俱有存貨時：

$$期初存貨 + 本期進貨 - 期末存貨 = 銷貨成本$$

若同時有進貨運費、進貨退出與折讓等情事，本期進貨須使用淨額，其公式如下：

期初存貨 + 本期進貨淨額 - 期末存貨 = 銷貨成本

本期進貨淨額 = 本期進貨 + 進貨費用 - 進貨退出與折讓 - 進貨折扣

本章第三節的例子，即為期初存貨 \$30,000 + 本期進貨淨額 (\$20,000 - \$1,100) - 期末存貨 \$2,000 = 銷貨成本 \$46,900。

　　第二節的例子，沒有期末存貨，則銷貨成本為 $30,000 + $20,000 − $1,100 = $48,900。

　　所減的 $1,100，即進貨退出的金額，為因商品有瑕疵或規格不符需求而退還供應商，使進貨金額因而減少。

　　永續盤存制則是每筆銷貨時，便在記載銷貨收入的同時作一分錄，將所銷的貨品，由存貨科目轉入銷貨成本科目。因此，隨時有尚存貨品的帳面餘額，到了結算期末的存貨帳面餘額，便是按照帳簿記載所產生的期末存貨金額。

　　通常，在結算時的試算表，同時列有存貨及進貨科目的，便是採用定期盤存制。這時候的存貨應該標明為「期初」或列出期初的日期。如果試算表上同時列有存貨及銷貨成本科目，便是採用永續盤存制。在簿記的記載上，兩制的分錄因而頗有不同。

　　設有宜昌電器行，經銷 42 吋液晶電視，每臺進價 $6,000，售價 $8,000，103 年 1 月份有關事項如下：

期初存貨─8 臺	$48,000
本期進貨─10 臺	60,000
本期現銷─9 臺：	
售價	72,000
銷貨成本	54,000
期末存貨─9 臺	54,000

茲分別按定期盤存制及永續盤存制作分錄如下：

定期盤存制			永續盤存制		
(1)進貨時：					
借：　進貨	60,000		借：　存貨	60,000	
貸：　應付帳款		60,000	貸：　應付帳款		60,000
(2)銷貨時：					
借：　現金	72,000		借：　現金	72,000	
貸：　銷貨收入		72,000	貸：　銷貨收入		72,000
在每架售出時不作分錄：			同時在每架售出時加作分錄：		
（無）			借：　銷貨成本	6,000	
			貸：　存貨		6,000

(3)期末結算時:

借: 存貨—期末	54,000	
本期損益	54,000	
貸: 存貨—期初		48,000
進貨		60,000

借: 本期損益	54,000	
貸: 銷貨成本		54,000

或者在結算時先添設銷貨成本帳戶,再由之轉入損益如下:

借: 銷貨成本	54,000	
存貨—期末	54,000	
貸: 存貨—期初		48,000
進貨		60,000
借: 本期損益	54,000	
貸: 銷貨成本		54,000

綜上所述,以記帳而論,永續盤存制平時作帳手續較繁,但其優點為可以隨時知道存貨的情形,便於查核和管理。定期盤存制下,期末結算時,期初的存貨加上本期進貨的總數,減了期末點計的存貨之後,並不一定就是本期銷出的貨品,其中可能尚有存貨遭偷竊或是自然耗損使存貨減少等情形。所以用定期盤存制時,簿記工作雖然比較簡便,但所計算而得的銷貨成本,卻不一定是確實的。

上例的貨品,是大件而易於點計的貨品,使存貨進貨與銷貨都易於點計數量,而且全期的貨品,除了單位成本相同之外,交易量也少,此時用定期盤存制,帳上尚不致有存貨短少的情形發生。但在交易頻繁或是貨品為大宗不易點計的物品如燃煤、小麥、散裝的化工原料等情況下,期末難以確知尚存的數量與金額,此時必須實地盤點存貨 (Inventory-taking),藉盤點存貨以得期末存貨的數量。因此,定期盤存制習慣上亦稱為實地盤存制 (Physical Inventory),而永續盤存制則稱為帳面盤存制 (Book Inventory)。但在實務上,永續盤存制也必須輔以實地盤存,以核驗實際的存貨是否與帳面的結存相符。

定期盤存制在期末的結算工作,將受實地盤存工作的影響,需待期末存貨點計完畢,方能結算損益、編製報表,這也是定期盤存制的一個缺點。

✏️ 第七節　存貨計價

⭐ 一、存貨計價對本期損益的影響

不論永續盤存制與定期盤存制，在帳務上都有存貨計價 (Inventory Valuation) 的問題。使用永續盤存制時，對每筆銷貨必須馬上計算出所銷貨品的成本，並作下列分錄：

借：　銷貨成本　　　　　　　　　×××
　貸：　存貨　　　　　　　　　　　　　×××

使用定期盤存制時，必須先實地盤點出期末存貨，以資推算本期的銷貨成本，並在期末時作下列分錄：

借：　銷貨成本　　　　　　　　　×××
　　　存貨－期末　　　　　　　　×××
　貸：　進貨　　　　　　　　　　　　　×××
　　　存貨－期初　　　　　　　　　　×××

本期的期末存貨，便為下期的期初存貨。存貨計價金額的出入，對於當期的損益甚有影響。試觀下例的三種情形：

	(1)	(2)	(3)
銷貨成本：			
期初存貨	$10,000	$10,000	$10,000
本期進貨	50,000	50,000	50,000
可供銷售商品成本	$60,000	$60,000	$60,000
減：期末存貨	(15,000)	(17,000)	(13,000)
銷貨成本	$45,000	$43,000	$47,000

上例(1)、(2)、(3)分別假定：

(1)期末存貨已核實確定。

(2)期末存貨多計了 $2,000。

(3)期末存貨少計了 $2,000。

上述三種情況將對本期淨利產生三種不同的結果：

	(1)	(2)	(3)
期末存貨	無多計或少計	多計 $2,000	少計 $2,000
銷貨成本	沒影響	少計 $2,000	多計 $2,000
本期淨利	沒影響	多計 $2,000	少計 $2,000

因此銷貨成本不同會使結算的損益因而不同，須在點計時多加注意。存貨的多計與少計，原因很多，包括盤點錯誤、將已列為銷貨而客戶尚未取去的貨品，仍點計在存貨之內，或將暫行運出展覽或運交代理商請其代銷的貨品，漏未點計在存貨之內等。

二、存貨計價方法

又稱存貨估價方法。我國《所得稅法》第四十四條規定：商品、原料、物料、在製品、製成品、副產品等存貨之估價，以實際成本為準，實際成本得按存貨之種類或性質，採用個別辨認法、先進先出法、加權平均法、移動平均法或其他經主管機關核定之方法計算之。在《所得稅法施行細則》第四十六條復規定：營利事業之存貨成本估價方法，採先進先出法或移動平均法者，應採用永續盤存制。

茲設南陽商行，經營永麗牌毛線批發，在 103 年 10 月份開業，有下列貨品的進出：

4 日　進貨 2,000 磅，每磅 $100。

12 日　進貨 2,000 磅，每磅 $110。

25 日　進貨 1,000 磅，每磅 $120。

7 日　售出 1,000 磅，每磅 $125。

14 日　售出 1,500 磅，每磅 $140。

21 日　售出 500 磅，每磅 $140。

30 日　售出 1,000 磅，每磅 $140。

✦㈠先進先出法

按先進先出法（First in First out，簡寫為 FIFO）記載永續盤存制如下：

南 陽 商 行

存 貨 明 細 帳　　　　　　貨名：永麗牌毛線

日期	進　貨			銷　售			結　存		
103 年	數量	單價	金額	數量	單價	金額	數量	單價	金額
10　4	2,000	$100	$200,000				2,000	$100	$200,000
7				1,000	$100	$100,000	1,000	100	100,000
12	2,000	110	220,000				1,000	100	} 320,000
							2,000	110	
14				1,000	100	} 155,000			
				500	110		1,500	110	165,000
21				500	110	55,000	1,000	110	110,000
25	1,000	120	120,000				1,000	110	} 230,000
							1,000	120	
30				1,000	110	110,000	1,000	120	120,000

正式的存貨明細帳頁，在日期欄之後，宜加記帳憑證、原始憑證及摘要三欄，以利查閱。上例進貨欄為借方，隨進貨而登載；銷售欄為貸方，隨銷貨而登載，即由存貨轉為銷貨成本。

此時期末存貨為 1,000 磅，每磅 $120，計 $120,000。

✦㈡後進先出法

按後進先出法（Last in First out，簡寫為 LIFO），則其發出欄與結存欄記載不同：

日　　期	進　　貨			銷　　售			結　　存		
103 年	數量	單價	金額	數量	單價	金額	數量	單價	金額
10　4	2,000	$100	$200,000				2,000	$100	$200,000
7				1,000	$100	$100,000	1,000	100	100,000
12	2,000	110	220,000				1,000 2,000	100 110	} 320,000
14				1,500	110	165,000	1,000 500	100 110	} 155,000
21				500	110	55,000	1,000	100	100,000
25	1,000	120	120,000				1,000 1,000	100 120	} 220,000
30				1,000	120	120,000	1,000	100	100,000

　　此時的期末存貨 1,000 磅，係按最早的一批計價，計為 $100,000。自 10 月 14 日開始，後進先出法的銷售欄與結存欄便與先進先出法不同，由於銷售欄的金額為銷貨成本，因此，先進先出法與後進先出法的銷貨成本不同，進而導致企業獲利的結果不同。

　　由於後進先出法是以最近期的商品購價來計算銷貨成本，所以在物價上漲時期，採用後進先出法將使得企業的淨利較小，負擔的稅負也較輕。此外，顯示在資產負債表上的期末存貨，因為是顯示存貨早期的成本，與實際的存貨價值不同，在財務報表的表達上就失去公允性。基於上述原因，國際財務報導準則 (IFRS) 主張後進先出法應予以廢除。而我國財務會計準則公報第十號規定，後進先出法不能再予以採用。

✦㈢移動平均法

　　下表為移動平均法 (Moving Average) 的記載：

日期	進　　貨			銷　　售			結　　存		
103 年	數量	單價	金額	數量	單價	金額	數量	單價	金額
10　4	2,000	$100	$200,000				2,000	$　100	$200,000
7				1,000	$　100	$100,000	1,000	100	100,000
12	2,000	110	220,000				3,000	$106\frac{2}{3}$	320,000
14				1,500	$106\frac{2}{3}$	160,000	1,500	$106\frac{2}{3}$	160,000
21				500	$106\frac{2}{3}$	53,333	1,000	$106\frac{2}{3}$	106,667
25	1,000	120	120,000				2,000	$113\frac{1}{3}$	226,667
30				1,000	$113\frac{1}{3}$	113,333	1,000	$113\frac{1}{3}$	113,333

此時的期末存貨 1,000 磅，計價為 $113,333。此法每在進貨欄記入一筆，便需連同原來的結存合併平均，所以自 10 月 14 日起，銷售及結存之數，與前二法都不相同。

實務上，後進先出法不能採用之外，先進先出法以及移動平均法應使用永續盤存制。若使用定期盤存制時，可應用在簡單平均法、加權平均法及個別辨認法。分述如下：

✦㈣簡單平均法

本例進貨共 5,000 磅、銷貨共 4,000 磅、期末存貨共 1,000 磅。按照簡單平均法 (Simple Average) 計算如下：

$$各批進價平均：\frac{\$100 + \$110 + \$120}{3} = \$110$$

$$期末存貨：1,000 \times \$110 = \$110,000$$

✦㈤加權平均法

按照加權平均法 (Weighted Average) 的計算如下：

$$平均單價：\frac{2,000 \times \$100 + 2,000 \times \$110 + 1,000 \times \$120}{2,000 + 2,000 + 1,000}$$

$$= \frac{\$540,000}{5,000} = \$108$$

期末存貨：$1,000 \times \$108 = \$108,000$

★㈥個別辨認法

假定南陽商行期末存貨可識別為第一批進貨尚存 100 磅、第二批尚存 200 磅、第三批尚存 700 磅，則期末存貨可按實際成本而計之，此法又稱之為個別辨認法 (Specific Identification)：

$$100 \times \$100 + 200 \times \$110 + 700 \times \$120 = \$116,000$$

綜上所述，各種不同的存貨計價方法使同一數量的期末存貨，有各種不同的金額。期末存貨是尚餘的部份，期末存貨金額的高或低，反面即為銷貨成本的低或高。本例共計進貨 \$540,000，在各種存貨計價法下的結果為：

	期末存貨	銷貨成本
先進先出法	\$120,000	\$420,000
後進先出法	100,000	440,000
移動平均法	113,333	426,666
簡單平均法	110,000	430,000
加權平均法	108,000	432,000
個別辨認法	116,000	424,000

依《所得稅法》規定，企業採用及變更存貨的計價方法，無須申報該管稽徵機關核准。但是按一般公認會計原則，企業應慎重選用存貨的計價方法並各期一致適用，以增進報表的可比較性，不宜輕易變更。同時各類的存貨，不需全用一種計算方法，也不需全用永續盤存制或是定期盤存制，應斟酌實際營業狀況，適切採用。

第八節　存貨的估計

期末存貨的計價，與結算的工作，有很大的關係。可是結算並不一定要正式結帳與盤點存貨，尤其在配合管理決策的時候，常需隨時結計損益與估計存貨，以提供企業各部門參考，此時如果未用永續盤存制，沒有帳面的結存金額，便需採用簡易的存貨估計法。

最簡便的存貨估計法，稱為毛利法 (Gross Profit Method)，係根據下列公式：

$$期初存貨 + 本期進貨淨額 - 銷貨成本 = 期末存貨$$
$$銷貨成本 = 銷貨淨額 - 銷貨毛利$$

其中：

$$本期進貨淨額 = 本期進貨 + 進貨運費 - 進貨退出與折讓 - 進貨折扣$$
$$銷貨淨額 = 銷貨收入 - 銷貨退回與折讓 - 銷貨折扣$$

銷貨毛利通常按百分率估計，假定上例南陽商行用加權平均法，103 年 10 月底的期末存貨 1,000 磅毛線，即為 11 月初的期初存貨，計為 \$108,000，11 月份進貨 10,000 磅，進價淨計 \$1,250,000，11 月份銷貨 9,000 磅，銷貨收入淨計 \$1,400,000，銷貨毛利率為 20%，則可估計期末存貨 2,000 磅的金額如下：

方法一：代入公式而得：

$$108,000 + 1,250,000 - (1,400,000 - 1,400,000 \times 0.2) = \$238,000$$

方法二：以列表方式而得：

期初存貨		$ 108,000
加：本期進貨淨額		1,250,000
可供銷售商品成本		$1,358,000
減：銷貨成本：		
銷貨收入	$1,400,000	
減：20% 毛利	(280,000)	(1,120,000)
估計期末存貨金額		$ 238,000

一、問答題

1. 結算時主要有哪兩種方式？

2. 何謂六欄表？

3. 本期損益計算的結果倘為淨損時，則工作底稿上損益表的二欄，在未結出淨損之前，係何方金額較大？在損益表上列入淨損時，在資負表欄應在何方列出？

4. 簡述調整的重要性。

5. 簡釋永續盤存制與定期盤存制。

6. 環球公司 103 年 11 月份有下列資料，試計算其期末存貨。

期初存貨	$100,000
本期進貨	200,000
進貨退出與折讓	6,000
本期銷貨成本	210,000

7. 期末存貨多計時，對本期損益的影響如何？已列為銷貨而客戶未提之貨，倘仍計在期末存貨之內時，對本期損益將有如何的影響？

8. 試舉例說明移動平均法。

9. 一個營利事業，倘有多種存貨時，是否必須一律採用同一計算方法？

10. 何謂毛利法？並試舉例說明之。

二、選擇題

( ) 1.下列敘述何者正確?

(A)營利會計是指平時記載交易事項,並定期結算損益 (B)營利會計對會計交易事項均加以記載,但並未定期結算損益或無須結算損益 (C)公用事業會計為非營利會計 (D)政府機關亦使用營利會計 【丙級技術士檢定】

( ) 2.中和公司採用永續盤存制,5 月 3 日向廠商進貨一批共計 $5,000,廠商同意其先行支付 70% 之價款,其餘尾款於 5 月 15 日支付即可,5 月 3 日會計記錄之敘述何者正確?

(A)資產增加 $1,500 (B)資產增加 $5,000 (C)負債增加 $5,000 (D)資產減少 $3,500 【丙級技術士檢定】

( ) 3.在採永續盤存制之企業,業主提取商品自用,應借記業主往來,貸記:

(A)銷貨收入 (B)存貨 (C)銷貨成本 (D)進貨 【丙級技術士檢定】

( ) 4.嚕嚕咪商店的房屋與機器設備分別採用不同的折舊提列方法:

(A)違反可比性 (B)違反時效性 (C)違反可瞭解性 (D)並不違反一般公認會計原則 【丙級技術士檢定】

( ) 5.下列對提列折舊之敘述何者有誤?

(A)土地通常無折損問題,故不提折舊 (B)房屋若有增值潛力亦可不提折舊 (C)折舊可使資產成本分攤於受益年限內 (D)累計折舊為資產之抵減科目

【丙級技術士檢定】

( ) 6.某設備成本 $45,600,估計可用 5 年,殘值 $600,按平均法提列折舊,則第三年初帳面金額為:

(A) $18,600 (B) $27,600 (C) $27,000 (D) $45,000 【丙級技術士檢定】

( ) 7.高雄商店於年初購入機器一部 $350,000,估計可用 6 年,殘值 $50,000,採平均法提列折舊,則第三年底調整後,帳面金額為:

(A) $50,000 (B) $100,000 (C) $150,000 (D) $200,000 【丙級技術士檢定】

( ) 8.提列折舊的目的在於:

(A)衡量資產的市價　(B)按年分攤不動產、廠房及設備的成本　(C)累積重置設備

所需之資金　(D)增加權益　　　　　　　　　　　　　　【丙級技術士檢定】

（　） 9.某年初購機器一臺成本 $100,000，運費及安裝費 $5,000，預計可使用 10 年，

殘值 $10,000，按直線法提折舊，第 6 年初機器的帳面金額為：

(A) $57,500　(B) $50,000　(C) $47,500　(D) $40,000　　　【丙級技術士檢定】

（　） 10.甲公司部份財務資料如下，若甲公司採用先進先出法，103 年度之銷貨毛利為

何？

	加權平均法		先進先出法	
	102 年	103 年	102 年	103 年
期末存貨	$ 3,000	$ 4,000	$ 3,500	$ 4,200
銷貨毛利	100,000	103,000		?

(A) $102,700　(B) $103,200　(C) $103,700　(D) $102,800

三、練習題

1. 將第十一章的實例，昌明公司 103 年 1 月份的存貨部份，改按永續盤存制，予以記載，
   計：

   (1)甲、按後進先出法。

   　乙、按先進先出法。

   　丙、按移動平均法。

   　其 50cc 機車須與 150cc 機車，分設二個明細帳分別記載。

   (2)本實例期初存貨的單價與本期進貨的單價完全相同，問此時甲、乙、丙三種永續盤
   存制記載的結果，是否完全相同？

   (3)倘按定期盤存制用加權平均法時,期末存貨金額與以上三者是否不同?請說明原因。

2. 根據第十一章實例昌明公司 103 年 1 月底的試算表,編製工作底稿,暫作下列的調整,
   予以結算：

   (1)期末存貨：按上題所計得的期末存貨金額。

   (2)折舊：機件工具，提 1%；運輸設備及生財家具，各提 2%。

3. 假設第十一章實例昌明公司 103 年 1 月份 50cc 機車的期初存貨與本期進貨，價格俱不相同，有如下列：

期初存貨	每輛 $7,000
1/16 進貨	每輛　7,100
1/20 進貨	每輛　7,200
1/30 進貨	每輛　7,250

(1)試按照上列單價，用永續盤存制，分別以下列方法予以記載：

　甲、先進先出法。

　乙、後進先出法。

　丙、移動平均法。

(2)列出由以上各法所計得的銷貨成本總額。

(3)列出用加權平均法時的期末存貨及銷貨成本金額。

4. 將第十三章實例光隆商行 103 年 2 月底的試算表，編為六欄式工作底稿，並就下列事項，在工作底稿上作簡易調整：

(1)期末存貨：計為 $25,000

(2)折舊計：建築物 2%

　　　　　運輸設備 5%

　　　　　生財器具 4%

5. 將第十三章練習題 2 成義商店 102 年 12 月底已編就的試算表，編為工作底稿，其期末存貨計有 $39,300。

Memo

第十五章

調整

🖋 第一節　概　述

　　會計上發現帳面的記載與應該表達的實況不相符合時，按照會計理論，便應該作調整分錄 (Adjusting Entries) 予以調整 (Adjustments)，但在實務上，常至結算的時候彙集調整，一般稱為期末調整。事實上，有一些調整的帳項，可在期初便行調整，也有一些帳項在發現之時，就可立即調整。

　　按照調整的性質，調整分錄可以分為下列數種：

1. 更正分錄 (Correction Entries)，用以更正帳載的錯誤，或是在進行以前年度損益調整 (Corrections of Prior Years' Earnings) 時用之。

2. 調節事項 (Reconciliation)，例如與銀行及客戶對帳不符而須在帳上予以調整者。

3. 結算調整，為雙式簿記在結算時恆屬必需的工作，通常稱為期末調整。

4. 其他調整事項，以使帳上各科目的內容得以確實。例如一部機器可用十年，預計十年後沒有殘餘價值，每年折舊，到了用滿十年業已折舊完畢，便應該作如下的調整：

　　　　借：　累計折舊　　　　　　　　　　×××
　　　　貸：　　機器　　　　　　　　　　　　　　×××

本章的重點，為結算時所必須的調整。

🖋 第二節　結算調整

結算時需予調整的事項，主要為下列各項：

1. 期末盤存，在上一章已對存貨的盤存予以敘述。

2. 固定資產的折舊、遞耗資產的耗竭，與無形資產及遞延資產的攤提。

3.應收帳款提列備抵呆帳。

4.暫收款及暫付款的清理。

5.預收款及預付款的清理。

6.對預收收益與預付費用，劃分損益與資負。

7.應收收益與應付費用的計列。

8.應更正與調整的事項，留至年度結帳時一併辦理者。

結算是為了編製較確實的會計報告，對於損益科目及資負科目，需在結算時先作適切的整理。

按期編製的會計報告，最重要的是年度報告，我國習慣上稱為決算報告，其次為每半年的結算。在公司內部管理方面，需要按月結算以瞭解公司營運狀況，此則稱為月結。實務上，對於年度決算與半年結算，均須對各資負科目與各損益科目詳加檢查，有無需予調整的事項，如果有需予調整的事項，便需進而決定整個調整分錄的科目與金額。

🖊 第三節　資負各科目的調整

簡要列示相關會計科目可能需予調整的事項，科目前面的號碼，是該科目規定的編號，詳見上冊第四章。

111 現金　凡以郵票、印花稅票代替現金的會計事項，都需要將其調整轉入預付款項的用品盤存之內。同時須查有無員工的借條，正式核准的借條，應轉為其他流動資產科目的員工借支之內。週轉金，包括各種零用金，須查明有無已支而期末尚未報銷的單據。凡尚未報銷的單據，此時須轉入有關的費用或資產科目。

1113 銀行存款　須與銀行查對結存。雙方不符時可能銀行已入帳而我方尚未入帳，或我方記帳有誤，此時我方便需調整。存款有利息者，須照銀行結息通知入帳。原為活期存款而遭法令凍結或銀行已告倒閉清理的，俱

須轉往其他雜項資產科目。

112 短期投資　期末按公允價值與帳面金額之差額，認列評價損益。所謂的公允價值即為市價。另外，若期末非付息日，則須按期間認列應收卻未收的利息。

113 應收票據及 114 應收帳款　到期不能兌現的票據應轉入其他流動資產或其他資產之內。各種應收款項，因倒閉、逃匿、和解、宣告破產，或其他原因，致債權全部或一部不能收回者，或經催收二年未曾收到本金或利息者，便視為實際發生呆帳損失，須將其沖銷如下：

借：　備抵呆帳　　　　　　　　×××
　貸：　　應收票據　　　　　　　　　×××

若為應收帳款或其他應收款確定無法收回，也同樣記在貸方。有利息可收者，應計算應收卻未收的利息。

1139、1149 備抵呆帳　以損益表觀點是以銷貨百分比法提列備抵呆帳（＝賒銷淨額 × 過去經驗估計出的呆帳率）；以資產負債表觀點則以應收帳款餘額百分比法（＝期末應收帳款餘額 × 過去經驗估計出的呆帳率）或帳齡分析法（將期末應收帳款依賒欠期間長短分組，每組估計呆帳率，各組應收帳款餘額乘上相對應的呆帳率後加總而得）提列備抵呆帳。根據《營利事業所得稅查核準則》第九十四條規定：備抵呆帳餘額，最高不得超過應收帳款及應收票據餘額之百分之一。

1184 應收收益　期末應收卻未收的收益，須調整進入本科目，期初或本期已入本科目借方的金額，倘業已成為本期收益的，也須調整轉往有關的收益科目。

121～122 存貨　存貨在期末應以成本與淨變現價值孰低衡量，即以存貨成本與淨變現價值二者中較低者作為存貨的評價依據，所謂的淨變現價值係指商品在正常營業情況下的估計售價,減除可能發生處分費用後的淨額。

　　另外，使用永續盤存制時，為避免實際存量與帳面存量有出入，應於期末實地盤點，超過帳面時稱為盤盈 (Overage)，低於帳面時稱為盤虧 (Shortage)。存貨盤盈為銷貨成本的減少、存貨盤虧則為銷貨成本的增加。

125 預付費用　要檢查期末尚屬預付的有多少，應調整為費用科目的有多少。

128～129 其他流動資產　要檢查有無應該轉為費用或已成為損失的。

1283 暫付款　內容常甚複雜，到了結帳期末須詳加清理，轉入適當科目，以儘量使該科目不在資負表上出現。

131 基金　要檢查基金的內容，有無應該轉為收益或費損科目。

141 土地　土地可無限期使用，無須提列折舊，但若是有相關的改良工程須提折舊，宜另分設「土地改良物」科目，對之提列折舊。

1431 房屋及建築及 1438 累計折舊―房屋及建築，至 1581 雜項固定資產及 1589 累計折舊―雜項固定資產　此類固定資產科目，應檢查(1)是否已經折舊完畢，是否有需要報廢者；(2)檢查是否有誤列入固定資產的費用科目；(3)提列的折舊額是否適切。根據《營利事業所得稅查核準則》第七十七條規定：修繕費支出凡足以增加原有資產之價值者，應作為資本支出。但是凡為維持資產之使用、防止其損壞，或維持正常使用而修理或換置之支出，應准作為費用列支。此外，機器裝修或換置零件，其增加之效能為二年內所能耗竭者，以及為維護工作人員安全之各種修繕，均得作為費用列支。第七十七條之一復規定：營利事業修繕或購置固定資產，其耐用年限不及二年，或其耐用年限超過二年，而支出金額不超過新臺幣 80,000 元者，得以其成本列為當年度費用，計入當期損益。

1611 天然資源及 1619 累計折耗―天然資源　須提列耗竭。

171～178 無形資產　對於確定耐用年限之無形資產應以合理而有系統的方法加以分攤。

186 存出保證金　檢查有無因對方的倒閉等情事而致業已無法收回者。

188 雜項資產　有時內容複雜，須檢查有無應該轉為費用或損失的。

2111 銀行透支　不可與資產類的銀行存款戶相混。凡銀行往來已屬透支的，便應該列入此一科目。期末若有銀行通知的透支利息，應該立即入帳。

211 短期借款與 213 應付票據　凡需付息的，都應該計算應付未付利息入帳。

214 應付帳款　檢查期末是否尚有應付帳款漏未入帳，通常所賒進的貨品往往在期末業已到達而尚未入帳，此時應該借記進貨或存貨，貸記應付帳款。

217 應付費用　須詳加檢查有無應付未付費用尚未入帳。最好預先編一清單，列出各應付未付費用的事項，以免結帳之前遺漏。

218～219 其他應付款　包括應付紅利、應付股利等。凡應付的款項，因對方的歷時甚久不來收取，而依《民法》規定喪失時效，以致不必再付者，應該轉帳作為其他收入，或者貸入資本公積之內。

226 預收款項　須詳查有無業已成為收益的部份，轉往有關的收益科目。

231 應付公司債　須結算應付未付公司債息。

232 長期借款　須結算應付未付利息。如果需以外幣償還的，還應該按實際情形，提列外幣債務兌換損失準備。

281 遞延負債　須查有無應該歸入本期收益的，並將其轉往有關的收益科目。

🖋 第四節　權益類科目的調整

31 資本　資本之中，如果有以現金以外的財物抵繳者，依《商業會計法》第五十五條規定：資本以現金以外之財物抵繳者，以該項財物之市價為標準；無市價可據時，得估計之。倘在期末檢查，發現該項財物的市價依據有誤，或無市價時的估計有誤，便應該予以調整。

32 資本公積　資本公積應該是由非營業結果所產生。期末應該檢查有無不該進入本科目貸方的帳項。資本公積的借方，只該是彌補虧損、轉作資本、或法律許可的其他用途，倘有不該入本科目借方的帳項，便應該轉往適當科目。

331 法定盈餘公積　必須是由盈餘提存的，倘有由其他來源進入此科目的，便應該予以更正。非公司組織的營利事業，不應該用此科目。

332 特別盈餘公積　係因特定原因而提列。期末須查該類公積是否尚需存在，不需存在時須轉往累積盈虧科目。

3351 累積盈虧　本科目不可隨便發生借貸。凡是應該列入損益計算內的帳項，倘誤行記入本科目，期末應該查明，予以更正。

3353 本期損益　這是結帳時在結帳分錄中出現的科目。平時不該有記入本科目的分錄，倘有誤入，應該予以更正。

第五節　損益各科目的調整

41～48 各種收入　須檢查期末有無尚屬預收性質者，須轉往預收科目。

6251 薪資支出、6254 旅費、6264 交際費、6278 勞務費　須留意已預付者已發生的部份轉為費用，及應付未付者的列為應付費用。

6252 租金支出　如有應付或預付時，期末需予調整。租賃物需負擔修繕費者，可列為修繕費，修繕效能在二年以上者須按租賃年限分攤之。

6253 文具用品費　須留意期末的用品盤存，尚存而未用的，應該轉為預付費用。

6255 運費　營業費用項下的運費，原則上應該是為銷貨而運出時的運費。進貨時的運費原則上應該作為進貨成本的一部份。為取得資產，以及為使資產適於營業上的使用而支付的運費，應該計入該資產的成本。期末如果查明有誤入此科目的，應該予以更正。

6256 郵電費　未用的郵票原則上應該轉為預付費用。電話費若屬應付未付，應列為應付費用。

6257 修繕費　凡修繕費支出，足以增加原有資產的價值，及其效能在二年以上者，須轉入適當的固定資產科目。

6259 廣告費　有時預付，有時應付未付，情形不一。同時，廣告費的支出，有的須予分年攤提，轉往遞延費用科目。例如租用場地裝置的廣告牆及 LED 電視牆，原則上需按約定的租期，分年攤提。

6261 水電瓦斯費　通常先用後付，若有應付未付，應列為應付費用。

6262 保險費　常需先行預付。期末時須查明已屬本期耗用的部份，在帳上將本期保險費與期末的預付保險費劃分清楚。

6265 捐贈　通常採現金收支制，期末不需調整。但隨貨贈送彩券或物品而須列入為捐贈科目者，至期末時，對於未兌換的物品代價尚未列帳者，須予以估計，借記本科目，貸記入其他負債或負債準備科目。

6266 稅捐　出售土地所繳納的土地增值稅，須在出售土地的收益項下減除。租用或借用不動產或交通工具等的稅捐，應該轉往租金支出科目。因預收貨款而發生的營業稅及印花稅，期末時仍屬預收收入的部份，須轉帳列為預付費用。為個人而支付的綜合所得稅及戶稅，是代付款性質，不能列在本科目之內。

6267 呆帳損失　須與對方備抵呆帳科目，一併查核是否需要調整。

6269 各項耗竭及攤提　這是期末調整時的重要事項，須參照會計學原理及《所得稅法》的規定而辦理。

6272 伙食費　習慣上常採現金收付制，但員工預支伙食費時，應該轉列為員工借支。

6273 職工福利　已依《職工福利金條例》成立職工福利委員會者，月結算時，須按每月營業收入總數內，提撥 0.05% 至 0.15%。有下腳（非副產品）變價時，提撥 20% 至 40%。創立或增資時，按資本額 5% 限度內一次提撥，每年得在不超過提撥金額 20% 限度內，以費用列支。

未成立職工福利委員會者，應取得職工簽收之收據為列帳依據，此時須注意有無預付及應付。

不論有無職工福利委員會，員工醫藥費，仍可在本科目內照實列支。

職工退休金，雖近似福利性質，但實為薪資給予的一部份。職工退休辦法，應先報請該管稅捐稽徵機關備案。每年得提列職工退休金準備。凡已提列準備的，以後職工退休支出時應該儘先借記該項準備，貸記現金或其他應付款，退休金準備不足時，得以不足之額列入薪資支出科目。

6274 研究發展費用　包括為推廣業務，改良產品或生產技術而付的研究或改良及訓練員工等費用。研究改良或訓練員工計劃，須報請該管稽徵機關備案。凡供研究與改良的場所，以及儀器、機械和用具等設備，耐用年限在二年以上者，俱列為資本支出分別提列折舊。

6275 佣金支出　習慣上常在期末時，一次結算應付的佣金，此時借記佣金支出，貸記應付費用一佣金。付予個人的佣金，須扣繳所得稅。如果已有佣金預付，在期末也需予以調整。

717 處分資產溢價收入　倘屬出售土地的盈益，在減除所課的土地增值稅後，可以進入資本公積科目。

7485 存貨盤盈　這是結帳時用永續盤存制而與實地盤點存貨之間的溢額，須進一步查核存貨盤盈的原因，是否有已銷而客戶未提的貨品，他人委託寄銷的貨品，漏未入帳的賒進貨品等，計入實地盤存之數以內，以致多於帳面結存。

753 投資損失　要根據所投資事業的決算或清算報表辦理。

755 處分資產損失　在出售或交換時便已調整入帳，通常不會留到期末再行調整。

7885 存貨盤損　這是存貨採永續盤存制方會發生，期末在盤存時若發現損失，除了在帳上作調整之外，並應於事實發生後三十日內向稽徵機關報備。

第六節　期末調整事項舉例

在作期末調整時，原則上應如上一節所述對於每一科目的內容予以檢查，以資清理，而作適切的調整。在實務上，簿記工作並不會太繁瑣。茲將比較常見的調整，列舉如下：

假定光華綢布莊在民國 103 年 12 月終了時，有下列應行調整的事項：

1. 該店使用定期盤存制，期初存貨 $10,000，本期進貨 $950,000，進貨運費 $500，進貨退出 $2,000，期末盤點存貨，並照原購進價格作價，計 $433,000。結存商品如下：

白細布	60 匹	@$　200	$　12,000
卡其布	150 匹	300	45,000
織錦緞	90 匹	2,000	180,000
五彩印花綢	32 匹	3,000	96,000
印花麻布	100 匹	1,000	100,000

2. 期末盤點未耗用的文具用品計值 $380。

3. 本年度所用的推銷用包裝品，係向大利紙業公司賒購 $3,000 價款未付，亦未入帳。又經盤點該項用品至期末未耗用者，計值 $200。

4. 12 月份應負擔的勞工保險費 $600 尚未入帳，

5. 建築物、運輸設備及生財器具的使用年數，依照財政部規定的固定資產耐用年數表，其耐用年數分別為二十年、十年及四年，採直線法計提折舊。依《所得稅法》第五十四條規定，固定資產計算折舊時，應預估其殘值，並減除殘值後之餘額為計算基礎。預估建築物的殘值為 $1,580，運輸設備為 $455，生財器具為 $336。

6. 採用應收帳款餘額百分比法，提列備抵呆帳 1% 計 $82,830，未調整前備抵呆帳餘額為 $20,000。

7. 一部份店屋租予榮記綢布莊，12 月份應收未收租金，計 $2,000。本年度尚有公債利息 $25，未曾收到。

8. 未攤提費用分五年攤提，本年應分攤 $2,000。

9. 建築物投保火險二年，其中 $11,500 係預付下年度保險費。本年度所付的租金支出之中，計有 $2,000 為本年應負擔部份，餘 $1,000 係預付下年度部份。

　　每期的調整事項，最好羅列在一張紙上，可以稱之為調整清單，以便查考。通常各期的調整事項，沒有多大的出入，一張前期的調整清單，便於後期的參考，以免遺漏。新的簿記員來接替工作時，看了這張調整清單，更可對於期末結算時需做的調整工作，易於迅速遵循處理。

🖊 第七節　調整分錄舉例

上節所舉例的各調整事項，可以作成調整分錄如下：

1. 存貨在定期盤存制下的調整：

借：	存貨（期末）	433,000	
	進貨退出	2,000	
	銷貨成本	525,500	
貸：	存貨（期初）		10,000
	進貨運費		500
	進貨		950,000

　　　　透過實地盤點，結計出銷貨成本並轉入該帳戶

2. 用品盤存的調整：

| 借： | 用品盤存 | 380 | |
| 貸： | 文具用品費 | | 380 |

　　　　期末盤存文具轉入用品盤存帳戶

3. 對包裝用品的應付及盤存的調整：

借： 包裝費   3,000
    貸：   應付費用   3,000
       將尚未結付的包裝用品價款，記入應付費用帳戶
借： 用品盤存   200
    貸：   包裝費   200
       將年終尚存的包裝用品，轉入用品盤存帳戶

4. 應付費用的調整：

借： 保險費   600
    貸：   應付費用   600
       將未繳付之 12 月份勞工保險費，記入應付費用帳戶

5. 固定資產的折舊：

借： 折舊   2,371
    貸：   累計折舊—建築物   1,580
           累計折舊—運輸設備   455
           累計折舊—生財器具   336
       固定資產提列折舊

6. 使用應收帳款百分比法提列抵呆帳，呆帳損失之計算要考慮前期備抵呆帳餘額，以 T 字帳表達如下：

備 抵 呆 帳

	20,000
	62,830
	82,830

認列呆帳損失 $62,830 (= 82,830 − 20,000)，作分錄如下：

借： 呆帳損失   62,830
    貸：   備抵呆帳   62,830

宜應注意的是，若使用銷貨百分比法時，呆帳費用列帳不受前期備抵呆帳餘額的影響，直接借記呆帳損失 $82,830，貸記備抵呆帳 $82,830。

7. 應收租金及利息的入帳：

借： 應收收益　　　　　　　　　　　2,000
　貸： 租金收入　　　　　　　　　　　　　　2,000
借： 應收利息　　　　　　　　　　　　25
　貸： 利息收入　　　　　　　　　　　　　　　25
　　　應收 12 月份榮記租金及公債利息

這二項收入在實際收到時，都將按照所得稅的規定，由對方給付人分別扣繳所得稅，這些扣繳要待收到時再行作帳務處理，期末可以不必調整。

8. 攤銷未攤提費用：

借： 營業費用—各項攤提　　　　　　2,000
　貸： 未攤提費用（或遞延借項）　　　　　2,000
　　　電話裝置費分五年攤提，本年攤五分之一

9. 保險費及棧租的預付部份，由費用科目調整入預付科目：

借： 預付費用—保險費　　　　　　　11,500
　　　　　　—租金支出　　　　　　　1,000
　貸： 營業費用—保險費　　　　　　　　　11,500
　　　　　　　—租金支出　　　　　　　　　1,000

✒ 第八節　虛帳戶與實帳戶

簿記上常將資負表上的科目，稱為實帳戶 (Real Accounts)，而將損益表上的科目，稱為虛帳戶 (Nominal Accounts)。虛帳戶在年度結帳時便告結束。

收益與費用在預收或預付的當時，有時逕入收益或費損科目，到了結算調整的時候，需將尚屬預收或預付的部份，轉入資產或負債的科目中去，簿記上將之稱為「先虛後實法」或「記虛轉實法」，意即先記入虛帳戶，至期末時再將尚未實現的金額轉入實帳戶。有時則先入資產或負債科目中去，到了期末調整，將已屬當期損益的部份，轉入損益科目，稱為「先實後虛法」或「記實轉虛法」，意即先記入實帳戶，至期末時再將已實現的金額轉入虛帳戶。有時則立即劃分本期與後期的部份，以本期的進入損益科目，以後期的預收或預付列於資負科目，稱為「虛虛實實法」或「虛實並記法」。

　　茲以保險費為例。設在 103 年 7 月 1 日，預付了三年的保險費，計 $12,000，到了 103 年底作期末調整時，已過了半年，尚預付二年半。其分錄為：

103/7/1			103/12/31		
⑴先虛後實法：					
借：　保險費	12,000		借：　預付保險費	10,000	
貸：　現金（或銀行存款）		12,000	貸：　保險費		10,000
⑵先實後虛法：					
借：　預付保險費	12,000		借：　保險費	2,000	
貸：　現金		12,000	貸：　預付保險費		2,000
⑶虛虛實實法：					
借：　保險費	2,000		（不必再作期末調整）		
預付保險費	10,000				
貸：　現金		12,000			

　　以上三種方法在結帳時，本期的保險費都是 $2,000；期末在資產類的預付費用項下的預付保險費都是 $10,000。第三法看似簡便，可是現代的簿記實務上，已不是過去的僅在年終每年結帳一次，在一年之中，常有結計損益的必要，此時如用第三種方法，以後每次結計時，仍須予以調整，如此一來，使用此法便不簡便了。

上節的分錄舉例，用的是先虛後實法。實務上，用先虛後實法時，常在期初將上期末的調整分錄，再行轉回，使每一期間的費用，不論是否預付，全集中在費用科目之內，待至期末，再行整理而將尚屬預付的部份，予以調整。此時期初的分錄，就是上期期末調整分錄的轉回，所以稱為轉回分錄 (Reverse Entries)。而先實後虛法已在每一期末將已耗用的部份歸入損益科目，故不可在下一期初予以轉回。虛實並記法期末並無調整，當然也無轉回分錄了。

一、問答題

1. 簡釋調整的意義，何以習慣上稱為期末調整?

2. 按照調整的性質，調整分錄可以分為哪幾種?

3. 結算時需予調整的事項，主要有哪幾項?

4. 一項固定資產，假定沒有殘餘價值，到了折舊業已期滿，在帳上應該如何調整?

5. 對於現金科目，在期末調整之前，應該如何清查?

6. 對於銀行存款，期末時有什麼需予注意調整的事項?

7. 列出期末提列備抵呆帳的調整分錄，倘在提列呆帳損失 $1,000 之後，實際發生了呆帳損失 $500，應該如何作分錄?

8. 對於須提折舊的固定資產科目，在期末時，須如何檢查科目的內容，以便調整?

9. 用永續盤存制，而發生存貨盤盈，在作調整之前，應該注意什麼?

10. 何謂先虛後實法、先實後虛法及虛虛實實法?

二、選擇題

(　) 1. 已知銷貨為 $44,800，銷貨退回 $3,000，銷貨運費 $2,800，而備抵呆帳借餘 $400，今按銷貨淨額 1% 提列呆帳，則應提列之金額為:

(A) $390　(B) $418　(C) $790　(D) $818　　　　【丙級技術士檢定】

(　) 2. 臺北公司之用品盤存期初金額 $60,000，本期增購 $30,000 以文具用品入帳，期

末盤點用品盤存餘 $50,000，則有關調整分錄之敘述何者正確?

(A)借方為文具用品 $10,000　(B)借方為文具用品 $40,000　(C)貸方為用品盤存 $40,000　(D)借方為文具用品 $20,000　　　　　　　【丙級技術士檢定】

( )　3. 預付費用已過期的部份為:

(A)資產　(B)負債　(C)收益　(D)費損　　　　　　　　　　　　　【丙級技術士檢定】

( )　4. 房租支出帳戶內計有 $24,000，其中屬於本期負擔者佔 1/3，則調整時預付房租之金額為:

(A) $8,000　(B) $16,000　(C) $24,000　(D) $32,000　　　　【丙級技術士檢定】

( )　5. 未作應計收入之調整分錄會導致:

(A)本期淨利高估　(B)資產低估且收益低估　(C)負債低估且收益低估　(D)負債高估且收益低估　　　　　　　　　　　　　　　　　　　【丙級技術士檢定】

( )　6. 漏記應付費用，會使本期淨利:

(A)虛增　(B)虛減　(C)無影響　(D)可能虛增，也可能虛減　【丙級技術士檢定】

( )　7. 若企業採用先實後虛法記帳，於 9 月 1 日支付 1 年的保險費 $24,000，則期末調整分錄應借:

(A)保險費 $16,000　(B)保險費 $8,000　(C)預付保險費 $16,000　(D)預付保險費 $8,000　　　　　　　　　　　　　　　　　　　　　　【丙級技術士檢定】

( )　8. 支付保費時，以費用科目入帳，到年終結帳，將未到期部分結轉到預付保險費帳戶，這種記帳方法為:

(A)記虛轉實　(B)記實轉虛　(C)虛虛實實　(D)混合制　　　　【丙級技術士檢定】

( )　9. 若期初存貨少計則:

(A)銷貨毛利少計　(B)本期淨利少計　(C)銷貨成本多計　(D)本期淨利多計

【丙級技術士檢定】

( )　10. 預收佣金帳戶中，期初餘額 $12,000，期末餘額 $8,000，損益表中佣金收入為 $25,000，則本年度實際收現佣金為:

(A) $17,000　(B) $21,000　(C) $29,000　(D) $33,000　　　　【丙級技術士檢定】

三、練習題

1. 對下列各項，作期末調整分錄：

(1)應收未收佣金收入 $2,000。

(2)應收未收租金收入 $1,000。

(3)應付未付廣告費 $3,000。

(4)應付未付利息，計本金 $10,000，月息 1%。

(5)應收帳款期末餘額 $250,000，提備抵呆帳損失 1%。

(6)房屋成本 $800,000，預計殘值為 $100,000，分二十年攤提。

2. 以第十四章西門商行為例，在 1 月底發現須作如下的調整：

(1)期初存貨轉入銷貨成本。

(2)進貨與進貨退出轉入銷貨成本。

(3)1 月底存貨經期末盤點，尚有 $2,000，由銷貨成本科目轉出。

(4)應收票據至 1 月底止，已有應收利息 $57。

(5)對應收帳款，按 1% 提列備抵呆帳。

(6)設備應提列折舊 $160。

(7)應付票據係六十天到期時本息一併清付，至 1 月底已過三十天，應付利息計為 $50。

(8)營業費用內有預付保險費 $200。

試分按上列各事項，作調整分錄。

3. 下表是豐美公司 103 年底的試算表：

豐 美 公 司

試 算 表

中華民國 103 年 12 月 31 日

科 目	借方	貸方
現金	$ 1,500	
應收帳款	48,700	
預付保險費	2,500	
存貨	55,000	

設備	30,400	
累計折舊—設備		$ 6,000
應付帳款		9,000
應付票據		20,000
股本		50,000
累積盈餘		11,000
股息	10,400	
銷貨收入		182,000
進貨	85,000	
廣告費	3,700	
其他銷售費用	4,000	
薪資支出	29,000	
租金支出	2,400	
其他管理費用	5,900	
利息支出	500	
利息收入		300
租金收入		700
合　　計	$279,000	$279,000

年底有下列需予調整的事項：

⑴廣告費內，有 $750 係預付，將於 104 年 1 月份的刊物上登出。

⑵預付保險費科目之內，經查係下列三筆保險：

保單	起保年月日	期間	保險費
A	103/1/1	半年	$ 400
B	103/9/1	三年	1,800
C	103/10/1	一年	300
	合　　計		$2,500

⑶設備科目內的設備為：

購入日期	成本	耐用年限	殘值
在本年度以前	$22,000	十年	$2,000
本年 7 月 1 日	2,400	五年	300
本年 9 月 1 日	6,000	十五年	600
合　　計	$30,400		

折舊用平均法，例如用十年時，為每年提十分之一。不滿一年的，按月計提。

⑷在其他管理費用內，查有未用完的用品 $200。

⑸12 月底尚有應付薪資 $480。

⑹應付票據至年底已有應付未付利息二個月，按月息 1% 計。

⑺期末存貨計有 $40,000，期初存貨及本期進貨俱轉入銷貨成本。

對以上事項，作調整分錄。

4.將上題豐美公司的試算表，加添四欄如下表：

豐 美 公 司
試 算 表
中華民國 103 年 12 月 31 日

科　　目	調整前試算表		調　　整		調整後試算表	
	借方	貸方	借方	貸方	借方	貸方

將上列各調整事項列入調整欄內，以編出調整後試算表。因調整而添設的科目，可列在原試算表各科目結計總額之後。

5.將第 2 題西門商行的調整專欄，仿照第 4 題豐美公司的情形，列入調整欄，編出調整後試算表。

Memo

第十六章

表結與帳結

📝 第一節　概　述

在結算的時候，將損益類科目予以結平者，簿記上稱為帳結 (Preparation of Statements When Books are Closed)；對損益類科目並不予以結平，僅由工作底稿予以結算的，稱為表結 (Preparation of Statements When Books are not Closed)。使用帳結時，簿記上的手續較繁，需先作期末調整分錄入帳，然後再作結帳分錄 (Closing Entries)，以便結計損益。

現代的簿記實務，在一年之中常需結算。如果每次結算的時候都用帳結的方法，簿記的工作量勢必大為增加，所以在實務上，常採用表結的方法，對於需予調整的事項，只列在工作底稿的調整欄內，不必另製調整分錄記入帳簿，也不必專製結帳分錄以將帳簿中的損益科目結平，手續上便大為簡便。

📝 第二節　帳結法

茲設天惠商行民國 103 年 1 月 31 日時的試算表如下：

天 惠 商 行
試 算 表
中華民國 103 年 1 月 31 日

科　　目	借方	貸方
現金	$　12,100	
應收帳款	60,000	
備抵呆帳		$　　100
存貨	90,000	
房屋	120,000	
累計折舊－房屋		6,000
應付帳款		50,000
資本主資本－樂天惠		200,000

銷貨收入		500,000
進貨	463,000	
保險費	1,000	
稅捐	1,000	
薪資支出	16,000	
租金收入		7,000
合　　計	$763,100	$763,100

　　試算表與工作底稿，習慣上可以省卻金額的符號。1 月底結算時，有下列的調整事項：

1. 應收帳款應提備抵呆帳損失達 1%，即 $600，帳上尚有 $100，所以還需再提 $500。

2. 房屋分二十年提折舊，每年提 $6,000，一個月為十二分之一，即需提 $500。

3. 保險費係付至本年 10 月底止，每月攤 $100。

4. 薪資支出方面，月底時尚有應付未付薪資 $2,000。

5. 租金收入係預收性質，每月 $1,000，預收至本年 7 月底止。

6. 本月發生應付未付之財產稅共 $5,000。

7. 期末存貨尚有 $85,000。

以上事項，作成調整分錄並記入普通日記簿如下，類頁欄暫省略不記：

天 惠 商 行

分 錄 日 記 簿

第×頁

103年		憑證	科目及摘要	類	金 額	
月	日	號數		頁	借　　方	貸　　方
1	31	#1	呆帳損失		$　　500 00	
			備抵呆帳			$　　500 00
			1月底提足備抵呆帳			
	31	#2	折舊		500 00	
			累計折舊─房屋			500 00
			1月份折舊			
	31	#3	預付保險費		900 00	
			保險費			900 00
			尚餘九個月保險費轉入預付科目			
	31	#4	薪資支出		2,000 00	
			應付薪資			2,000 00
			1月份應付未付薪資			
	31	#5	預收收益		6,000 00	
			租金收入			6,000 00
			租金預收部份，轉入預收科目			
	31	#6	稅捐		5,000 00	
			應付稅捐			5,000 00
			1月份應付未付之財產稅			
	31	#7	銷貨成本		553,000 00	
			存貨			90,000 00
			進貨			463,000 00
			將期初存貨與進貨轉入銷貨成本			
	31	#8	存貨		85,000 00	
			銷貨成本			85,000 00
			將1月底存貨由銷貨成本轉出			

末後轉入銷貨成本的分錄，在實務上可以併入結帳分錄之內。

📝 第三節　調整後試算表

在上一章的習題中，已經練習由試算表加上調整欄，編出調整後試算表。在帳務比較簡單時，結算所需調整的一些事項，幾乎每一期末都相類似。所以，可以根據調整清單與試算表所顯示的科目餘額，立即編製調整分錄登入帳簿。此時再由帳簿抄下的試算表，便成為調整後試算表 (Adjusted Trial Balance)。

實務上為了避免調整分錄過帳時的錯誤，為了易於查核有無調整事項的遺漏，恆採工作底稿的方法，由未調整的試算表經調整而得調整後試算表。並且，各項需要進帳的調整分錄，也是待編就調整後試算表之後，再行記入帳簿。

上例的調整後試算表如下：

天 惠 商 行

試 算 表

中華民國 103 年 1 月 31 日

科　　目	試算表 借方	試算表 貸方	調　整 借方	調　整 貸方	調整後試算表 借方	調整後試算表 貸方
現金	$ 12,100				$ 12,100	
應收帳款	60,000				60,000	
備抵呆帳		$　　100		(1)$　　500		$　　600
存貨	90,000		(8)$ 85,000	(7)　90,000	85,000	
房屋	120,000				120,000	
累計折舊—房屋		6,000		(2)　　500		6,500
應付帳款		50,000				50,000
資本主資本—樂天惠		200,000				200,000
銷貨收入		500,000				500,000
進貨	463,000			(7) 463,000		

保險費	1,000				(3)	900	100
稅捐	1,000		(6)	5,000			6,000
薪資支出	16,000		(4)	2,000			18,000
租金收入		7,000			(5)	6,000	1,000
合　計	$763,100	$763,100					
呆帳損失			(1)	500			500
折舊			(2)	500			500
預付保險費			(3)	900			900
應付薪資					(4)	2,000	2,000
預收收益			(5)	6,000			6,000
應付稅捐					(6)	5,000	5,000
銷貨成本			(7) 553,000		(8) 85,000	468,000	
合　計			$652,900	$652,900	$771,100	$771,100	

第四節　結計損益

每一期的損益可以分段結計。我國《所得稅法施行細則》第三十一條，對於分段結計損益，舉例如下：

一、買賣業

1. 銷貨總額 −（銷貨退回 + 銷貨折讓）= 銷貨淨額。

2. 期初存貨 +〔進貨 + 進貨費用 −（進貨退出 + 進貨折讓）〕− 期末存貨 = 銷貨成本。

3. 銷貨淨額 − 銷貨成本 = 銷貨毛利。

4. 銷貨毛利 −（銷售費用 + 管理費用）= 營業淨利。

5. 營業淨利 + 非營業收益 − 非營業損失 = 純益額（即所得額）。

這五個公式在實務上有時略有出入，例如上述 1. 中銷貨退回和銷貨折讓，有時合併成為一個科目，便只有一個金額。上述 2. 中，期初存貨加進貨各項

目的合計數，稱為「可供銷售商品總額」，簡稱為「商品總額」。將其簡化之後可得：

$$期初存貨 + 本期進貨淨額 - 期末存貨 = 銷貨成本$$

上述 4.中，銷售費用 (Selling Expenses) 與管理費用 (Administrative Expenses)，合稱營業費用 (Operating Expenses)，故可將其簡化為：

$$銷貨毛利 - 營業費用 = 營業淨利$$

這時的營業費用，實務上常按銷售費用與管理費用兩類而分別列明，但小工商業則有時對於各項費用，不再按銷售與管理而分別歸類。

上述 5.中，非營業收益亦稱營業外收入；非營業損失亦稱營業外支出，實務上也常將非營業收益與損失合併表示，例如支出大於收入時，列為「營業外淨支出」。

✪ 二、製造業

1. （期初存料 + 進料 - 期末存料）+ 直接人工 + 製造費用 = 製造成本。
2. 期初在製品 + 製造成本 - 期末在製品 = 製成品成本。
3. 期初製成品 + 製成品成本 - 期末製成品 = 銷貨成本。
4. 銷貨總額 - （銷貨退回 + 銷貨折讓）= 銷貨淨額
5. 銷貨淨額 - 銷貨成本 = 銷貨毛利。

以下與買賣業相同，即：

6. 銷貨毛利 - （銷售費用 + 管理費用）= 營業淨利。
7. 營業淨利 + 非營業收益 - 非營業損失 = 純益額（即所得額）。

綜上所述，製造業所計出的銷貨成本，比較複雜，因而期末結算的工作也往往較買賣業費時。第一個公式中，耗用的存料常稱為直接材料，與直接人工及製造費用三者，為製造成本的三大因素。製造費用的項目很多，凡未

列在直接材料、直接人工之內而與製造有關的，都可列入。將上述 1.編為一表，便稱為製造成本表。將製造成本表的內容，再加減在製品期初與期末的盤存，便成為製成品成本表。將製成品成本表的內容，再加減製成品期初與期末的盤存，便成為製造業的銷貨成本表。這三個段落相互連貫，到每一個段落為止所編的報表，由於內容有異，名稱各不相同。

⭐ 三、其他供給勞務或信用各業

1.營業收入－營業成本＝營業毛利。

2.營業毛利－管理或事務費用＝營業淨利。

3.營業淨利＋非營業收益－非營業損失＝純益額（即所得額）。

以上所列述的分段，在會計上稱為多步制。許多公司的會計報表，實務上傾向用一步制，即在損益表上避免分段。

🖊 第五節　結帳分錄

結帳分錄 (Closing Entries) 可分為三類：

1.將各損益科目結束，以資結算損益。

2.損益結算之外，有關盈餘分配的分錄。

3.將整個帳簿結束的分錄。

期末如果將整個帳簿都行結束。則到了下一期的期初，便需編製開帳分錄，將上期末結束的資負各帳戶餘額，在期初由開帳分錄列歸各科目之內。這樣的分錄，因而只在年度終了時使用。有的企業，將每年度的總帳，每年專訂一本，於是每年終了，便需有舊帳簿結束的分錄，而在年初，作新帳頁開始的分錄。

結帳通常以結算損益為主體，所以結帳分錄的重心，在將各損益科目予以結束。在用帳結法時，往往在結帳時添出下列科目：

1. 銷貨成本：但用永續盤存制時，平時已有銷貨成本科目，自然不需添設。

2. 銷貨毛利：現在實務上已很少添設此一科目，因為銷貨毛利的金額和內容，可以在損益表上看出。

3. 本期損益。

本期損益這個科目，在實務上有兩種作法。一種作法是將各有關損益的科目，全歸集到這一個科目來，使這個科目借貸方的內容，等於是損益表的內涵。這種方法現在已少採用。另一種作法則較為簡單，僅將收入與費用分別彙總歸入這個科目；或者僅將收入與費用相抵後的淨利或淨損數，歸入這科目。

試以本章天惠商行為例。在第三節調整後的試算表，該商行損益類各科目的餘額如下：

	借	貸
銷貨收入		500,000
保險費	100	
稅捐	6,000	
薪資支出	18,000	
租金收入		1,000
呆帳損失	500	
折舊	500	
銷貨成本	468,000	

這時的結帳分錄，可以甲式或乙式編製如下：

甲式：將收入與費用分別彙總歸入本期損益科目：

(1) 借：　銷貨收入　　　　500,000
　　　　　租金收入　　　　　1,000
　　貸：　　　本期損益　　　　　　　　501,000
　　　　將本期收入，轉入本期損益

(2) 借：　本期損益　　　　　　　　　493,100
　　　　貸：　保險費　　　　　　　　　　　　　　100
　　　　　　　稅捐　　　　　　　　　　　　　6,000
　　　　　　　薪資支出　　　　　　　　　　18,000
　　　　　　　呆帳損失　　　　　　　　　　　500
　　　　　　　折舊　　　　　　　　　　　　　500
　　　　　　　銷貨成本　　　　　　　　　468,000
　　　　將本期銷貨成本及費用科目，轉入本期損益

乙式：各科目一次歸入本期損益科目：

　　借：　銷貨收入　　　　　　500,000
　　　　　租金收入　　　　　　　1,000
　　　　貸：　保險費　　　　　　　　　　　　100
　　　　　　　稅捐　　　　　　　　　　　6,000
　　　　　　　薪資支出　　　　　　　　18,000
　　　　　　　呆帳損失　　　　　　　　　500
　　　　　　　折舊　　　　　　　　　　　500
　　　　　　　銷貨成本　　　　　　　468,000
　　　　　　　本期損益　　　　　　　　7,900

　　　這時候本期損益科目的金額，便是分錄中損益各科目借貸的差額。倘使收入大於成本及費用，本期便有純益，用乙式結帳分錄時的本期損益科目便在貸方，以使分錄得以平衡。反之，本期收入小於成本及費用，便為純損，本期損益科目將在借方，以使分錄平衡。

　　　綜上所述，編製結帳分錄時，是將要結束的科目，為借方餘額者，相同金額記入貸方，並結轉入本期損益借方；為貸方餘額者，相同金額記入借方，並結轉入本期損益貸方，以資結平而告結束。例如天惠商行總帳內的租金收入科目，在調整分錄前為：

租金收入
	1/10　預收七個月	7,000

記入調整分錄後為:

租金收入

1/31	調整預收	6,000	1/10	預收七個月	7,000

即在結帳分錄之前, 為貸方餘額有 $1,000, 記入結帳分錄後, 為:

租金收入

1/31	調整預收	6,000	1/10	預收七個月	7,000
31	本期費用轉往 本期損益	1,000			

於是借貸雙方業已結平, 便可在合計數的下方劃雙線以示結束。實務上劃雙線的方法可在下列舉例中, 任擇一種:

1.先行合計, 再劃雙線:

租金收入

1/31		6,000	1/10		7,000
31		1,000			
	合計	7,000		合計	7,000

2.有時帳上數字簡明, 常可省卻合計, 而逐行劃線:

租金收入

1/31		6,000	1/10		7,000
31		1,000			

所用帳頁為餘額式時, 亦屬如此:

1.

租金收入

月	日	摘　　要	借方	貸方	借或貸	餘額
1	10	預收七個月		$7,000	貸	$7,000
	31	轉往預收	$6,000		貸	1,000
	31	轉入本期損益	1,000	．		－
		合　　計	$7,000	$7,000		

可簡化帳頁之表達，將合計一欄予以省略，逐行劃線如下表：

2.

租金收入

1/10		$7,000	貸	$7,000
1/31	$6,000		貸	1,000
1/31	1,000			－

第六節　表結法

　　表結法是利用工作底稿來作結算，所以，這樣的工作底稿，我國亦稱之為結帳計算表。我國實務上，通常用十欄式工作底稿。本章天惠商行103年1月底結算時，如果用表結式，其工作底稿將如第160～161頁。

　　上列的調整事項，通常在工作底稿下方空餘的地方，簡要註明調整的原因或事由。本例為：

　　1. 呆帳按應收帳款餘額提足1%。

　　2. 房屋折舊，每年5%計$6,000，本月提十二分之一。

　　3. 保險費轉往預付科目。

　　4. 應付稅捐。

　　5. 租金收入轉往預收科目。

這類註明，可以極為簡略，本例可簡註為：

　　1. 提列呆帳。

2.提列折舊。

3.預付保險費。

4.應付稅捐。

5.預收租金。

這張底稿如果分為兩部份，各成一表，則前一部份是到調整後試算表為止的六欄表，後一部份是調整後的試算表開始的六欄表。注意在試算表時，表明的時日是結算的那一日。本例為民國 103 年 1 月 31 日，但在結算的工作底稿上，所表明的必須是結算起訖的期間，本例為民國 103 年 1 月份，或寫明為民國 103 年 1 月 1 日至 1 月 31 日止。

在用表結法時，如果銷貨成本所牽涉的科目不多，便恆不在調整欄內計出銷貨成本而將有關銷貨成本的科目，記入損益表兩欄之內。此時的工作底稿，與上例略有不同，列示如第 162～163 頁。

這二張工作底稿，在科目欄最後所添的項目，以及調整欄、調整後試算表欄與損益表欄內的數字，雖略有不同，但所結出的本期損益與資負表的數額，是不受影響的。

✒ 第七節　由表結法編製分錄

在年度中途不需正式結算的時候，用表結法可以省卻編製調整分錄、結帳分錄等，也可省卻記載入帳、過帳、劃線結平等種種手續，至為簡便。在正式結帳的時候，實務上也已習慣於使用表結法，先由工作底稿顯示所需調整的分錄，及結帳所需的分錄，於是根據工作底稿而編分錄。有時直接以工作底稿代替記帳憑證，稱為「代傳票」，可直接記入分錄日記簿，以省卻另行編製傳票的手續。

天惠商行 工作底稿
中華民國 103 年 1 月份

科目	試算表 借方	試算表 貸方	調整 借方	調整 貸方	調整後試算表 借方	調整後試算表 貸方	損益表 借方	損益表 貸方	資產負債表 借方	資產負債表 貸方
現金	12,100				12,100				12,100	
應收帳款	60,000				60,000				60,000	
備抵呆帳		100		(1) 500		600				600
存貨	90,000		(8) 85,000	(7) 90,000	85,000				85,000	
房屋	120,000				120,000				120,000	
累計折舊—房屋		6,000		(2) 500		6,500				6,500
應付帳款		50,000				50,000				50,000
資本主資本—樂天惠		200,000				200,000				200,000
銷貨收入		500,000				500,000		500,000		
進貨	463,000			(7) 463,000						
保險費	1,000			(3) 900	100		100			
稅捐	1,000		(6) 5,000		6,000		6,000			
薪資支出	16,000		(4) 2,000		18,000		18,000			
租金收入		7,000	(5) 6,000			1,000		1,000		
合 計	763,100	763,100								
呆帳損失			(1) 500		500		500			
折舊			(2) 500		500		500			
預付保險費			(3) 900		900				900	
應付薪資				(4) 2,000	2,000					2,000

科目	調整		損益表		資產負債表	
預收收益		(5) 6,000				6,000
應付稅捐		(6) 5,000				5,000
銷貨成本	(8) 85,000		468,000			
合計	(7)553,000	652,900	771,100	771,100	501,000	278,000
	652,900				501,000	278,000
本期損益				7,900	7,900	
			501,000	501,000	278,000	278,000

天惠商行 工作底稿
中華民國103年1月份

科目	試算表		調整		調整後試算表		損益表		資負表	
	借方	貸方	借方	貸方	借方	貸方	借方	貸方	借方	貸方
現金	12,100				12,100				12,100	
應收帳款	60,000				60,000				60,000	
備抵呆帳		100		(1) 500		600				600
存貨	90,000				90,000		90,000			
房屋	120,000				120,000				120,000	
累計折舊－房屋		6,000		(2) 500		6,500				6,500
應付帳款		50,000				50,000				50,000
資本主資本－樂天惠		200,000				200,000				200,000
銷貨收入		500,000				500,000		500,000		
進貨	463,000				463,000		463,000			
保險費	1,000			(3) 900	100		100			
稅損	1,000		(6) 5,000		6,000		6,000			
薪資支出	16,000		(4) 2,000		18,000		18,000			
租金收入		7,000	(5) 6,000			1,000		1,000		
合　計	763,100	763,100								
呆帳損失			(1) 500		500		500			
折舊			(2) 500		500		500			
預付保險費			(3) 900		900				900	
應付薪資				(4) 2,000		2,000				2,000

科目	調整				資產負債表	
預收收益	(5) 6,000	6,000				6,000
應付稅捐	(6) 5,000	5,000				5,000
合　計	14,900	14,900	771,100	771,100		
期末存貨					85,000	85,000
小　計			578,100	586,000	85,000	586,000
本期損益			7,900			7,900
合　計			586,000	586,000	278,000	278,000

　　用表結法，由工作底稿有關各欄編製調整分錄與結帳分錄不但較簡便，而且不易遺漏。因為此時編製借貸分錄，是等到工作底稿全部編就，在結出損益而使資負表借貸相平之後方行編製。這時報表業已根據工作底稿而產生，有關的分錄根據工作底稿的內容而製，則帳簿的記載，必然與報表完全符合而不致有誤。

　　因此，在簿記實務上的結帳程序，帳結法與表結法便大為不同，以下就兩者的異同作說明：

✦(一)平時記帳與試算的程序相同

　　即其次序都是：

　　1. 分錄。

　　2. 過帳。

　　3. 試算。

✦(二)結帳的程序不同

帳結法	表結法
(1)調整：作調整分錄入帳過帳	(1)編表
(2)結帳：作結帳分錄入帳過帳及結平有關帳戶	(2)調整
(3)編表：編製會計報表	(3)結帳

✦(三)在工作的進行上不同

帳結法	表結法
(1)工作底稿：並非必要	(1)工作底稿：必要
(2)記帳憑證：必須多張記帳憑證	(2)記帳憑證：以一份工作底稿代替

　　在用表結法而仍行編製分錄時，可採下述的方法：

✦(一)對於調整分錄，可以採下列三法之一

　　甲法：仍按每一調整事項編為分錄，此與表結法相同。

　　乙法：將調整事項按調整欄的內容彙為一張分錄，即將調整欄內的借方俱列於分錄的借方；各貸方俱列於分錄的貸方。意即使多個分錄合併成為一個分錄，並以工作底稿的一份副本，作為附件，以助查閱。本例天惠商行的調整分錄，按照不另計列銷貨成本的方法，可彙列調整分錄如下：

借：	稅捐	5,000	
	薪資支出	2,000	
	租金收入	6,000	
	呆帳損失	500	
	折舊	500	
	預付保險費	900	
貸：	備抵呆帳		500
	累計折舊─房屋		500
	保險費		900
	應付薪資		2,000
	預收收益		6,000
	應付稅捐		5,000

　　此時可註記分錄的說明為：期末調整事項彙為分錄，參見所附工作底稿。

　　這樣的調整分錄，其在簿記上的作用僅作為記帳憑證之用。所以可以將之彙併。但在作練習題及考試時，須注意採用甲法，俾使每一調整事項的借貸方清楚列出。

　　丙法：不另作調整分錄，逕以工作底稿代替。此時如果進一步用結算工作底稿代替分錄日記簿的記載，以省卻記入分錄日記簿的手續，則對調整欄上每一筆金額，應加註過帳的記號，表明業已過入總分類帳。

　　★(二)對於結帳分錄，可以採下列三法之一

　　甲法：將損益表兩欄的借方與貸方各科目，分別結轉入本期損益帳戶，此時在損益表欄借方的金額，便需列於結帳分錄的貸方，在貸方的金額，列於分錄的借方。例如：

(1) 借：　本期損益　　　　　　　578,100

　　貸：　　存貨　　　　　　　　　　　　90,000

　　　　　　進貨　　　　　　　　　　　463,000

　　　　　　保險費　　　　　　　　　　　　100

　　　　　　稅捐　　　　　　　　　　　　6,000

　　　　　　薪資支出　　　　　　　　　18,000

　　　　　　呆帳損失　　　　　　　　　　500

　　　　　　折舊　　　　　　　　　　　　　500

　　　　　將工作底稿損益欄借方各科目，轉入本期損益帳戶

(2) 借：　　銷貨收入　　　500,000

　　　　　租金收入　　　　1,000

　　　　　存貨　　　　　85,000

　　　　貸：　　本期損益　　　　　　　　586,000

　　　　　將工作底稿損益欄貸方各科目，轉入本期損益帳戶

乙法：將之全部彙為一個分錄，即：

　　借：　銷貨收入　　　500,000

　　　　　租金收入　　　　1,000

　　　　　存貨　　　　　85,000

　　　貸：　　存貨　　　　　　　　　　90,000

　　　　　　進貨　　　　　　　　　463,000

　　　　　　保險費　　　　　　　　　　100

　　　　　　稅捐　　　　　　　　　　6,000

　　　　　　薪資支出　　　　　　　　18,000

　　　　　　呆帳損失　　　　　　　　　500

　　　　　　折舊　　　　　　　　　　　500

　　　　　　本期損益　　　　　　　　7,900

　　此時分錄的說明可為：按工作底稿，結束各損益科目。這一分錄可以完全根據工作底稿而抄列，比甲法省便。

　　丙法：逕以工作底稿代替記帳憑證，更為簡便。

一、問答題

1. 何謂帳結？何謂表結？

2. 簿記實務上，為何常採用表結法？

3. 平時無銷貨成本的記載時，在結帳時是否必須以借貸分錄予以結出？

4. 列述買賣業的分段結計損益。

5. 簡列製造業銷貨成本的結計。

6. 製造業的製造成本表、製成品成本表與銷貨成本表有何不同？

7. 列出勞務或信用各業的損益結計公式。

8. 在簿記實務的結帳程序上，帳結法與表結法有何不同？

9. 信德公司有下列資料：

銷貨收入	$500,000
銷貨退回	2,000
進貨	400,000
期初存貨	100,000
期末存貨	80,000
銷售費用	5,000
管理費用	4,000
營業外收入	1,000

根據上述資料，列出：

(1)銷貨成本。

(2)銷貨毛利。

(3)營業淨利。

(4)純益額。

10. 在下表空格內，將應填入的金額填明：

	(a)	(b)	(c)	(d)
銷貨收入	$ 160,000	$ 384,000		$ 218,000
減：銷貨成本：				
期初存貨	$ 12,200		$ 9,000	
本期進貨	140,100	320,400		190,100
可供銷售商品成本			$ 48,000	$ 211,600
減：期末存貨		(28,600)	(7,400)	
銷貨成本	$(146,800)			$(196,400)
銷貨毛利		$ 28,700	$ 3,600	

二、選擇題

( )　1. 下列何者錯誤？

(A)虛帳戶作為本期損益計算資料　(B)虛帳戶結帳後餘額仍轉入下期　(C)實帳戶是指資產、負債及權益三類帳戶　(D)實帳戶結帳後餘額須結轉下期

【丙級技術士檢定】

( )　2. 下列哪一科目只會出現在調整後試算表，而不會在結帳後試算表中？

(A)業主往來　(B)預付費用　(C)應付薪資　(D)利息費用　【丙級技術士檢定】

( )　3. 期末會計程序中，折舊與累計折舊二科目：

(A)均須結清　(B)皆毋須結帳　(C)同時出現在調整後及結帳後試算表　(D)同時出現在調整後試算表　【丙級技術士檢定】

( )　4. 下列何種結帳分錄需借記本期損益？

(A)應收帳款　(B)租金支出　(C)其他收入　(D)勞務收入　【丙級技術士檢定】

( )　5. 結帳時應結轉下期的科目為：

(A)銷貨成本　(B)處分不動產、廠房及設備利益　(C)呆帳　(D)累計折舊

【丙級技術士檢定】

( )　6. 年底結帳時，多計折舊 $800，多計佣金收入 $100，則年度淨利：

(A)多計 $700　(B)少計 $700　(C)多計 $900　(D)計 $900　【丙級技術士檢定】

( )　7. 結帳後費損帳戶將：

（A)發生貸餘　(B)發生借餘　(C)沒有餘額　(D)不一定　　　【丙級技術士檢定】

（　）8.期末時，借記本期損益，貸記保險費是？

（A)開業分錄　(B)開帳分錄　(C)調整分錄　(D)結帳分錄　　【丙級技術士檢定】

（　）9.結帳後存貨帳戶的餘額為：

（A)銷貨成本　(B)銷貨毛利　(C)期初存貨　(D)期末存貨　　【丙級技術士檢定】

（　）10.結帳後，開辦費帳戶：

（A)有借餘　(B)有貸餘　(C)沒有餘額　(D)不一定有餘額　　【丙級技術士檢定】

三、練習題

1.建業商行 103 年開始營業，下表為其當年 12 月 31 日的調整後試算表：

建 業 商 行

試 算 表

中華民國 103 年 12 月 31 日

現金	$ 11,000	
銀行存款	22,000	
應收票據	18,000	
應收帳款	46,000	
備抵呆帳		$ 2,300
房屋	40,000	
累計折舊－房屋		2,000
土地	30,000	
應付票據		20,000
應付帳款		13,000
長期借款		50,000
資本主資本		120,000
資本主往來	5,000	
銷貨收入		400,000
佣金收入		10,000
手續費收入		5,000
進貨	406,000	
薪資支出	24,000	

呆帳費用	2,300	
折舊	2,000	
文具用品費	1,000	
推銷費用	3,000	
廣告費	3,000	
雜費	2,000	
稅捐	5,600	
捐贈	1,400	
	$622,300	$622,300

該商行期末存貨尚有 $10,000，試編製其結帳分錄。

2. 仁信食品廠民國 103 年初開業，下列為其在當年上期至 6 月 30 日止的試算表，內容如下：

現金	9,900	
應收票據	16,000	
應收帳款	17,800	
設備	30,000	
應付票據		7,200
應付帳款		40,000
資本主資本—聶仁信		100,000
資本主往來	5,000	
銷貨收入		355,000
銷貨退回	8,000	
進貨	310,200	
進貨退出與折讓		4,500
薪資支出	40,000	
租金支出	40,000	
佣金支出	10,000	
廣告費	4,000	
保險費	4,000	
電話費	2,800	

稅捐	4,000
捐贈	2,000
雜費	3,000

設該廠 6 月底不作任何調整，期末查有存貨 $30,000，試按帳結法由分錄結計其本期損益。

3. 假設上題仁信食品廠尚有下列調整事項：

(1)期末已有進貨 $8,000，點計在期末存貨之中，但尚未編製傳票入帳。

(2)設備擬用十年，按平均法提折舊。

(3)應收帳款與應收票據，合計需提備抵呆帳1%。

(4)房租係預付一年。

(5)保險費亦係預付一年。

(6)尚有應付未付佣金 $2,000。

(7)應付票據有應付未付利息 $360。

(8)應付未付稅捐 $800。

試連同以上各調整事項，編製仁信食品廠：

(1)調整後試算表。

(2)十欄式的結帳計算表。

4. 按第 3 題的調整事項及所編的工作底稿，編製：

(1)各個調整分錄。

(2)結帳分錄。

5. 正義雜誌社係公司組織，於 103 年初開始營業，其當年 9 月 30 日的試算表內容如下：

現金	12,000	
應收帳款	7,500	
物料	42,500	
土地	45,000	
房屋	120,000	
印刷設備	79,200	
辦公設備	5,400	
應付帳款		2,600
應付票據		1,800
預收廣告費		1,200
預收雜誌訂費		800
抵押借款		50,000
股本		250,000
廣告費收入		37,600
雜誌訂購費收入		32,700
利息支出	2,500	
保險費	1,800	
推銷費	4,700	
薪資支出	31,400	
印刷材料費	14,700	
稿費	3,000	
水電費	3,000	
稅捐	2,000	
雜費	2,000	

其調整事項如下：

(1)應收帳款需提備抵呆帳1%。

(2)房屋按二十年用平均法提折舊九個月。

(3)印刷設備按十二年用平均法提折舊九個月。

(4)辦公設備按六年用平均法提折舊九個月。

(5)抵押借款係年初借入，年息10%，每半年付息一次，至9月底已有三個月應付未付

利息。

(6)保險費係年初預付全年。

(7)稿費尚有 $600 未付。

(8)應付未付稅捐 $400。

該公司物料係採永續盤存制。根據以上資料：

(1)編製工作底稿。

(2)對每一調整事項作調整分錄。

(3)作結帳分錄。

(4)對各損益科目用如下的簡式記載：

科　目　名　稱

103 年		摘　　要	借方	貸方	借或貸	餘額
月	日					

假定試算表上的金額為記載的第一筆，日期列為 9 月 30 日，將調整分錄及結帳分錄的有關帳項，予以記入，並劃線結平之。

Memo

第 十 七 章

會計報表

第一節　概　述

簿記工作，一方面是帳務的記載 (Recording)，另一方面是由記帳而整理，由整理而編製報表 (Reporting)。這些工作在性質上，乃是人類經濟的活動，以一個活動的單位為主體，將這單位經濟活動的資料，予以記錄與處理，會計報表便是會計事項經過整理而產生的報告。

會計報表分為對內報表與對外報表二大類。前者是一個經濟活動單位自己內部所用的報表，不受有關法令的拘束。對外報表與外界有關，或為法令規定所必備，恆須參考有關的法令而編製。通常所指的會計報表，為對外的報表，亦稱財務報表 (Financial Statements)，或會計報告。我國對於每一會計年度終了時所編的會計報表，稱為決算表；每半年終結時所編的會計報表，稱為半年結算表。

《商業會計法》規定須依會計年度而編製財務報表，以及另編各種定期與不定期的報表。此類報表，分動態報告與靜態報告二種。靜態報告表示一定時日的財務狀況，如資產負債表及財產目錄等。動態報告表示一定期間內財務變動經過情形，如損益表等。

會計報表的項目內容與表達方式，是普通會計學所研討的重要題目。簿記工作人員在這方面須留意會計學上的原則、實務與趨勢。

第二節　決算報表

《商業會計法》規定商業之決算應於會計年度終了後二個月內辦理完竣，必要時得延長一個半月。決算報表有許多功用，實務上宜儘速辦理，使之早日編竣。

《商業會計法》規定應編製的決算報表為：

1.營業報告書。

2.財務報表。

營業報告書之內容，包括經營方針、實施概況、營業計畫實施成果、營業收支預算執行情形、獲利能力分析、研究發展狀況等；其項目格式，由商業視實際需要訂定之。決算報表應由代表商業之負責人、經理人及主辦會計人員簽名或蓋章負責。

財務報表主要包括：損益表、資產負債表、權益變動表及現金流量表。

公司組織的營利事業，其決算報表須按照《公司法》的規定。《公司法》在第二百二十八條規定：每會計年度終了，董事會應編造下列各項表冊，於股東常會開會三十日前，交監察人查核：

1.營業報告書。

2.財務報表。

3.盈餘分派或虧損撥補的議案。

其與《商業會計法》不同的僅在末一項。非公司組織的獨資或合夥組織，對於盈餘分配或虧損撥補容易立即決定，所以可以逕行編成報表。公司組織對於盈餘分派或虧損撥補，須先由董事會提出議案，待股東會通過之後辦理，此時雖恆以盈餘分配表或虧損撥補表隨附於議案之後，送供股東參考，但在法理上，尚未成為一張正式報表。

第三節　會計報表的功用

會計報表雖然分為對內報表與對外報表，但其主要的報表，如資產負債表與損益表等，皆可兼供對內與對外之用，有時以同一形式的報表，供多種用途，或是按不同的用途，變更內容或項目的排列方式，以資配合。

理論上，會計報表應該按照對內對外不同的功用而分別編製，不宜以同一形式供多種不同的用途。實務上，則仍以同一形式供多種用途者為普遍。

不過有時遵照不同的法令規定，也會作不同的編製。

茲將會計報表對內對外的重要功用，列述於下：

一、對外方面

㈠是遵照法令編製的報表

主要是用以表示這一單位經濟活動的情況。

㈡是送請會計師查核簽證的報表

公司如果有證券（股票及公司債）上市發行，其報表須經會計師簽證。若要申請貸款，其年度決算報表也必須請會計師查核簽證。公司的董事會、監察人會或股東會，常自行決議延請會計師辦理查核簽證。進行專利權或投資合作時，專利權持有人或投資人，也常延請會計師代為查核，並在報表上簽證，以資保障其權益。若獨資或合夥事業的資本主，不克親自參予經營，為了保障其權益，也常委請會計師查核簽證；即使是自己參予經營，也可藉會計師的查核簽證，使會計報表能夠公允合理的表達，並使會計事務的處理與內部控制較為妥善。

㈢是需依法公告的報表

凡證券上市發行的公司，應將決算報表或重大訊息內容輸入證交所指定之網際網路資訊申報系統，或其他形式登載週知。公告的報表，恆採簡式，將科目歸併列出。

㈣是需向各股東提出的報表

《公司法》規定需分發給各股東及必須經股東會通過。

㈤是供利害關係人查閱的報表

《商業會計法》第六十九條規定，商業的利害關係人，可因正當理由而請求查閱，商業負責人於不違反其商業利益的限度內，應許其查閱。《公司法》第二百一十條也規定，股東及公司的債權人，得隨時請求查閱或抄錄。違反此類規定時，將遭處罰鍰。

✦㈥是供各有關方面參閱的報表

對於一個企業單位而言，具有利害關的包括有投資大眾、債權人、員工及客戶等。

✦㈦是增進公眾信賴的報表

在實務上，各公司往往將之加附圖片，印製精美，稱為「年報」(Annual Report)，並提供大量贈閱。

✦㈧是申請貸款所需提供的報表

有時需要將近三年或近五年的報表一併提供。

✦㈨是解除責任的報表

《商業會計法》第六十八條規定，商業負責人及主辦會計人員，於一年度會計上的責任，在該年度決算報表獲得承認後解除。《公司法》第二百三十一條規定，各項表冊經股東會決議承認後，視為公司已解除董事及監察人的責任。但有不正當行為者，不在此限。

✦㈩是提供徵信的報表

在接受徵信調查時，常需提具會計報表。

✦㈩一是供外界財務分析的報表

凡財務分析與投資分析，恆以會計報表為主要依據。

✦㈩二是需長期保存的報表

《商業會計法》第三十八條規定，各項財務報表，應於年度決算程序辦理終了後，至少保存十年。

🌑 二、對內方面

✦㈠是表明營運成果的報表

所以損益表亦稱為營運成果表。而且由營運成果而使資負表內容發生變化。

✦㈡是表明會計責任的報表

商業負責人及主辦會計人員的會計責任經過股東會或出資人的承認才告解除。

★㈢是供分析比較的報表

藉以衡量營運成績，以資改進。

★㈣是幫助管理決策的報表

顯明經濟活動的情況與現狀，以助管理決策。

一般簿記實務上所編製的會計報表，向來以對外的功用為主。現在對內幫助管理決策與表明營運成果的功用，日見重要，所以資產負債表與損益表等，恆須在會計年度之內，定期或不定期，常予編製。

在編製上，已於上一章述及，常係先行編製工作底稿。

✒ 第四節　八欄表、十欄表及十二欄表

編製會計報表所用的工作底稿，常按其所列金額的欄數，有六欄表、八欄表、十欄表與十二欄表。六欄表於第十四章第三節已介紹過了，請讀者自行參閱。實務上以用八欄表與十欄表為多，以下將分別介紹：

八欄表主要有三種形式：

甲、試算表	二欄
調整事項	二欄
損益表	二欄
資負表	二欄
乙、試算表	二欄
損益表	二欄
保留盈餘表	二欄
資負表	二欄
丙、調整後試算表	二欄

銷貨成本表或製造成本表	二欄
損益表	二欄
資負表	二欄

第十四章第四節的例子，即為丙式的八欄表。

編列盈虧撥補表是公司會計的特點，但在處理合夥會計時，有時也會採用。

十欄表主要也有二種形式：

甲、試算表	二欄	
調整事項	二欄	
調整後試算表	二欄	即前四欄的併計
損益表	二欄	
資負表	二欄	

乙、即八欄表的乙式，在試算表後加上調整事項二欄

調整後的試算表，便是試算表與調整事項四欄的併計，由於併計的金額不多，現在實務上已傾向於取消調整後試算表這兩欄，以資簡化。於是十欄表便可簡化而成為八欄表。

十二欄表主要也有二種形式：

甲、試算表	二欄
調整事項	二欄
調整後試算表	二欄
損益表	二欄
保留盈餘表	二欄
資負表	二欄

此即十欄表的甲式加保留盈餘表二欄，或十欄表的乙式加調整後試算表二欄。

乙、試算表	二欄

	調整事項	二欄
	銷貨成本表或製造成本表	二欄
	損益表	二欄
	保留盈餘表	二欄
	資負表	二欄

　　製造業或銷貨成本的內容較為複雜的企業，需用此式。

　　乙式在獨資與合夥時，或習慣上不在工作底稿上編列保留盈餘表的公司，可以將保留盈餘表的二欄取消，簡化而為十欄表。

　　此式顯示各項報表之間的關係如下：

　　銷貨成本表或製造成本表是損益表的附表，由之彙集銷貨成本或製造成本，等於是損益表內銷貨成本或製造成本這一項目的明細表。

　　損益表是保留盈餘表的附表，等於是保留盈餘表內本期損益這一項目的明細表。

　　保留盈餘表是資負表的附表，等於是對期初保留盈餘變為期末保留盈餘的說明表。

　　上一章天惠商行的工作底稿，是十欄表的格式，如果予以簡化，將中間「調整後試算表」的兩欄金額省略，便成為八欄表。茲再將一個公司組織的營利事業用八欄表列示其結算時的工作底稿，假定下例為公利運輸公司開始營業的第一個月結帳。

公 利 運 輸 公 司
工 作 底 稿
中華民國 103 年 6 月份

科　　目	試算表		調　整		損益表		資負表	
	借方	貸方	借方	貸方	借方	貸方	借方	貸方
現金	52,500						52,500	
應收帳款	15,900						15,900	
辦公用品	2,300			(3) 1,700			600	

科目	試算表借	試算表貸	調整借	調整貸	損益借	損益貸	資產負債借	資產負債貸
預付保險費	1,600			(2) 600			1,000	
預付租金	15,000			(1) 5,000			10,000	
辦公設備	14,000						14,000	
運輸設備	150,000						150,000	
應付帳款		82,000						82,000
預收租金		6,000	(4) 1,000					5,000
股本		120,000						120,000
運費收入		74,650				74,650		
水電費	400				400			
維護修理費	3,750				3,750			
電話費	950				950			
油料	9,250				9,250			
薪資支出	12,000		(7) 1,000		13,000			
稅捐	4,000		(8) 3,280		7,280			
雜費	1,000				1,000			
合　　計	282,650	282,650						
租金支出			(1) 5,000		5,000			
保險費			(2) 600		600			
用品耗用			(3) 1,700		1,700			
租金收入				(4) 1,000		1,000		
折舊—辦公設備			(5) 100		100			
累計折舊—辦公設備				(5) 100				100
折舊—運輸設備			(6) 2,500		2,500			
累計折舊—運輸設備				(6) 2,500				2,500
應付薪資				(7) 1,000				1,000
應付稅捐				(8) 3,280				3,280
合　　計			15,180	15,180	45,530	75,650		
本期損益					30,120			30,120
合　　計					75,650	75,650	244,000	244,000

　　運輸公司是服務業，假定所用油料隨時購用，所以期末便不盤點所存的油料。

第五節　製造業的結帳計算表

製造業的製造成本，包括料、工、費用三大要素，如果內容比較複雜，便需在結帳計算表（即工作底稿），添加製造成本的借貸二欄。此時列有調整後試算表時，通常使用十二欄表，倘使省去調整後試算表，便為十欄表。另頁為康樂工業公司民國 103 年底結帳的例子。

康 樂 工 業 公 司
結 帳 計 算 表
中華民國 103 年 1 月 1 日至 12 月 31 日止

科　　　目	試算表 借方	試算表 貸方	調整 借方	調整 貸方	製造成本 借方	製造成本 貸方	損益表 借方	損益表 貸方	資負表 借方	資負表 貸方
現金	17,350								17,350	
應收帳款	73,000								73,000	
備抵呆帳		650		(1) 3,000						3,650
存貨－期初										
材料	58,300				58,300					
在製品	31,725				31,725					
製成品	23,200						23,200			
預付保險費	2,100			(2) 1,500					600	
辦公設備	6,000								6,000	
累計折舊－辦公設備		2,000		(4)　600						2,600
機器設備	71,050								71,050	
累計折舊－機器設備		14,000		(3)11,200						25,200
應付帳款		29,200								29,200
股本		180,000								180,000
累積盈餘		12,855								12,855
銷貨收入		420,000						420,000		
銷貨退回與折讓	7,600						7,600			
進料	91,000				91,000					
進料退出與折讓		5,450				5,450				
直接人工	98,530				98,530					

項目	試算表 借	試算表 貸	調整 借	調整 貸	製造成本 借	製造成本 貸	損益表 借	損益表 貸	資產負債表 借	資產負債表 貸
間接人工	21,200				21,200					
租金支出	12,000				9,600		2,400			
電費	8,100				7,290		810			
廣告費	6,500						6,500			
推銷人員薪資	50,000						50,000			
管理人員薪資	60,500						60,500			
稅捐	5,000						5,000			
其他管理費用	21,000						21,000			
合　計	664,155	664,155								
呆帳損失			(1) 3,000				3,000			
保險費			(2) 1,500		1,050		450			
折舊—機器設備			(3)11,200		11,200					
—辦公設備			(4) 600				600			
合　計			16,300	16,300						
期末存貨:										
材料						51,500			51,500	
在製品						47,000			47,000	
製成品								19,600	19,600	
小　計					329,895	103,950				
本期製成品成本						225,945	225,945			
合　計					329,895	329,895	407,005	439,600		
本期損益							32,595			32,595
合　計							439,600	439,600	286,100	286,100

此一工作底稿之中，須注意:

1. 三項存貨之中，以材料與在製品列入製造成本欄，此時結計出來的金額是本期製成品的成本。這金額務須轉入損益表的借方欄，是銷貨成本中的主要項目。

2. 期初製成品切不可列入製造成本欄，免致錯誤，須列入損益表的借方欄內，也是本期銷貨成本中的項目。

3. 租金支出、電費與保險費三個項目，茲假定主要為製造成本中的費用，但有一部份為管理費用，因而須將各該費用的總額，分別列歸製造成

本欄與損益表欄的借方。在本例中係假定：

(1)租金支出 $12,000 中，80% 為製造費用，20% 為營業費用。

(2)電費 $8,100 中，90% 為製造費用，10% 為營業費用。

(3)保險費 $1,500 中，70% 為製造費用，30% 為營業費用。

第六節　製造成本的結帳與編表

製造業可以根據工作底稿，在期末將製造成本欄借貸方的科目，作結帳分錄，將製成品成本結出，以便歸入本期損益。茲以上節康樂工業公司為例如下：

借:	進料退出與折讓	5,450		
	材料	51,500	（期末存貨）	
	在製品	47,000	（期末存貨）	
	製成品成本	225,945		
貸:	材料		58,300	（期初存貨）
	在製品		31,725	（期初存貨）
	進料		91,000	
	直接人工		98,530	
	間接人工		21,200	
	租金支出		9,600	
	電費		7,290	
	保險費		1,050	
	折舊—機器設備		11,200	
	結計本期製成品成本			

上一分錄即為將製造成本欄的貸方各項列為分錄的借方、將借方各項列為分錄的貸方。其借貸雙方的總額均為 $329,895，即工作底稿製造成本欄的合計數。此時損益欄的結帳分錄為：

借： 銷貨收入 420,000
　　製成品 19,600 （期末存貨）
　貸： 製成品 23,200 （期初存貨）
　　　銷貨退回與折讓 7,600
　　　租金支出 2,400
　　　電費 810
　　　廣告費 6,500
　　　推銷人員薪資 50,000
　　　管理人員薪資 60,500
　　　稅捐 5,000
　　　其他管理費用 21,000
　　　呆帳損失 3,000
　　　保險費 450
　　　折舊―辦公設備 600
　　　製成品成本 225,945
　　　本期損益 32,595

　　上一分錄為將工作底稿損益表欄的貸方各項列為分錄的借方、將借方各項列為分錄的貸方。分錄借貸雙方的總額，均為 $439,600，即工作底稿損益表欄的合計數。

　　同時，根據工作底稿製造成本欄的內容，便可以編出製成品成本表如下：

康 樂 工 業 公 司
製 成 品 成 本 表
中華民國 103 年 1 月 1 日至 12 月 31 日

材料：		
期初存料		$ 58,300
加： 本期進料	$91,000	
減： 進料退出與折讓	(5,450)	
本期進料淨額		85,550
小　計		$143,850
減： 期末存料		(51,500)

本期用料		$ 92,350
直接人工		98,530
製造費用:		
間接人工	$ 21,200	
租金支出	9,600	
電費	7,290	
保險費	1,050	
折舊－機器設備	11,200	
製造費用合計		50,340
製造成本合計		$241,220
加: 期初在製品		31,725
小　　計		$272,945
減: 期末在製品		(47,000)
本期製成品成本		$225,945

這張表的要點是:

1. 計出本期用料的金額。

2. 將各項製造費用彙列在一起。

3. 本期用料、直接人工及製造費用三大項合計，為本期的製造成本。如果製造成本表，便須在此處結束。

4. 再加期初在製品及減去期末在製品，便是本期製成品成本表，本表在此處結束。由於表內各項目的排列，與工作底稿或結帳分錄難以相同，所以應該將此表結出的製成品成本金額,與工作底稿該一金額相核對,倘使不符，便屬有誤，須查對核正。

此表倘再加上期初製成品及減去期末製成品,便是製造業的銷貨成本表。

🖊 第七節　損益表

損益表 (Income Statement) 是表示一個營利事業, 在一定營業期間內經營

成績的動態會計報告。凡是動態的會計報表，在表頭上都應註明起訖的日期，或表明所包括的時期。

損益表通常有二種格式。一種稱為帳戶式，將收入與費用分列於左右方。英國以及原來是英國屬地的許多國家，尚沿用此種格式。我國及美國等則採用另一種報告式。《商業通用會計制度規範》所訂的格式，即為報告式，其格式如下❶：

企 業 名 稱

損 益 表

中華民國　年　月　日至　年　月　日及
年　月　日至　年　月　日

單位：新臺幣　　元

項　　目	本　期			上　期		
	小計	合計	%	小計	合計	%
營業收入						
銷貨收入						
減：銷貨退回及折讓						
銷貨淨額						
勞務收入						
其他營業收入						
營業成本						
銷貨成本						
勞務成本						
其他營業成本						
營業毛利						
營業費用						
推銷費用						
管理及總務費用						
研究發展費用						
營業利益（或損失）						

❶　遵行 IFRS 之後，損益表剔除「非常損益」項目及「會計原則變動累積影響數」項目，故原來表列兩會計科目，予以刪除。

營業外收益及費損						
營業外收益						
利息收入						
投資收益						
兌換利益						
處分投資收益						
處分資產溢價收入						
減損迴轉利益						
其他營業外收益						
營業外費損						
利息費用						
負債性特別股股利						
投資損失						
兌換損失						
處分資產損失						
減損損失						
其他營業外費損						
繼續營業部門稅前淨利（或淨損）						
所得稅費用（或利益）						
繼續營業部門稅後淨利（或淨損）						
停業部門損益						
本期淨利（或淨損）						

負責人　　　　　　　　經理人　　　　　　　　　　　主辦會計

說　明

一、表列明細會計科目商業得視實際情形增減之。

二、利息收入與利息費用應分別列示。

三、處分資產溢價收入與損失應分別列示。

四、停業部門損益應以稅後淨額表示。

五、會計科目代碼應依本規範之會計科目代碼列示。

六、營業收入、營業成本、營業費用、營業外收益及營業外費損等科目之詳細項目得由公司依重大性原則決定是否須單獨列示。

　　如果內容簡單時，則金額欄可省去一欄。《商業會計法》第三十二條規定：

年度財務報表之格式，除新成立之商業外，應採二年度對照方式，以當年度

及上年度之金額併列表達。也常加列百分比，以銷貨淨額為 100%，其他各項
目俱針對銷貨淨額而計出百分數，以助研閱。

　　茲將本章公利運輸公司的損益表編製如下：

公 利 運 輸 公 司
損 益 表
中華民國 103 年 6 月 1 日至 6 月 30 日止

摘　　要	金　額 小計	金　額 合計
業務收入－運費		$74,650
減：業務成本：		
油料	$ 9,250	
薪資支出	13,000	
用品耗用	1,700	
維護修理費	3,750	
折舊－運輸設備	2,500	(30,200)
毛利		$44,450
減：營業費用：		
水電費	$　400	
電話費	950	
保險費	600	
稅捐	7,280	
租金支出	5,000	
折舊－辦公設備	100	
雜費	1,000	(15,330)
營業利益		$29,120
加：營業外收入：		
租金收入		1,000
本月淨利		$30,120

　　此排列法編製出的損益表稱為多站式損益表。另一種排列法所編製的則
稱為單站式損益表，即不分營業內與營業外，如下所示：

公 利 運 輸 公 司

損 益 表

中華民國 103 年 6 月份

收入：		
運費收入		$74,650
租金收入		1,000
收入合計		$75,650
支出：		
油料	$ 9,250	
薪資支出	13,000	
用品耗用	1,700	
維護修理費	3,750	
折舊	2,600	（可將各項折舊，併為一數）
水電費	400	
電話費	950	
保險費	600	
稅捐	7,280	
租金支出	5,000	
雜費	1,000	
支出合計		(45,530)
本月淨利		$30,120

　　下例為按康樂工業公司的工作底稿而編列的損益表，並附簡要的百分比。

康 樂 工 業 公 司
損 益 表
中華民國 103 年 1 月 1 日至 12 月 31 日

項　　目	金額		百分比
	小計	合計	
銷貨收入		$420,000	
減：銷貨退回與折讓		(7,600)	
銷貨淨額		$412,400	100
減：銷貨成本：			
期初製成品	$ 23,200		
加：本期製成品成本	225,945		
可供銷售商品成本	$249,145		
減：期末製成品	(19,600)		
銷貨成本		(229,545)	56
銷貨毛利		$182,855	44
減：營業費用：			
推銷人員薪資	$ 50,000		
管理人員薪資	60,500		
電費	810		
廣告費	6,500		
保險費	450		
呆帳損失	3,000		
折舊─辦公設備	600		
租金支出	2,400		
稅捐	5,000		
其他管理費用	21,000		
營業費用合計		(150,260)	36
本期淨利		$ 32,595	8

　　將上例與工作底稿上損益欄的內容兩相比較，便可發現多站式損益表在編製上須經過一番排列的手續。此外，銷貨退回與折讓須先列在銷貨收入之下減除，以得銷貨淨額。

以下為某公司對外公告的損益表：

× × 公 司

比 較 損 益 表

中華民國 103 年第一季

中華民國 102 年及 103 年 3 月 31 日				
會計科目	103 年 3 月 31 日		102 年 3 月 31 日	
	金　額	%	金　額	%
銷貨收入總額	$1,512,275.00	100.96	$1,332,456.00	101.02
銷貨折讓	(14,377.00)	0.96	(13,414.00)	1.02
銷貨收入淨額	1,497,898.00	100.00	1,319,042.00	100.00
營業收入合計	1,497,898.00	100.00	1,319,042.00	100.00
銷貨成本	(1,241,918.00)	82.91	(1,196,857.00)	90.74
營業成本合計	(1,241,918.00)	82.91	(1,196,857.00)	90.74
營業毛利（毛損）	255,980.00	17.09	122,185.00	9.26
推銷費用	(91,208.00)	6.09	(86,871.00)	6.59
管理及總務費用	(25,506.00)	1.70	(21,941.00)	1.66
營業費用合計	(116,714.00)	7.79	(108,812.00)	8.25
營業淨利（淨損）	139,266.00	9.30	13,373.00	1.01
營業外收益				
利息收入	4,804.00	0.32	3,982.00	0.30
投資收益	38,208.00	2.55	17,851.00	1.35
處分固定資產利益	0.00	0.00	0.00	0.00
處分投資利益	0.00	0.00	0.00	0.00
兌換利益	454.00	0.03	878.00	0.07
存貨跌價回升利益	0.00	0.00	0.00	0.00
雜項收入	1,444.00	0.10	6,283.00	0.48
營業外收益合計	44,910.00	3.00	28,994.00	2.20
營業外費損				
利息費用	(48.00)	0.00	(85.00)	0.00
投資損失	0.00	0.00	0.00	0.00
處分固定資產損失	0.00	0.00	0.00	0.00
兌換損失	0.00	0.00	0.00	0.00

存貨跌價及呆滯損失	0.00	0.00	0.00	0.00
停工損失	0.00	0.00	0.00	0.00
雜費	(307.00)	0.02	(240.00)	0.02
營業外費損合計	(355.00)	0.02	(325.00)	0.02
繼續營業部門稅前淨利（淨損）	183,821.00	12.27	42,042.00	3.18
所得稅費用（利益）	(46,113.00)	3.08	(5,024.00)	0.38
繼續營業部門淨利（淨損）	137,708.00	9.19	37,018.00	2.80
停業部門損益				
本期淨利（淨損）	$ 137,708.00	9.19	$ 37,018.00	2.80
基本每股盈餘				
普通股每股盈餘	0.25	0.00	0.07	0.00
完全稀釋每股盈餘				
簡單每股盈餘				

一、問答題

1. 何謂對內報表？何謂對外報表？

2. 何謂靜態報告？何謂動態報告？

3. 依照《商業會計法》，應編製哪一些決算書表？

4. 依照《公司法》的規定，每會計年度終了，董事會應編造哪些書表？

5. 簡列會計報表對內、對外的重要功用。

6. 為何要請會計師對決算報表進行查核簽證？

7. 何謂八欄表、十欄表？主要有哪些形式？

8. 何謂十二欄表？主要有哪二種形式？

9. 在編製製成品成本表時，製成品的期初存貨與期末存貨是否該列在本表之內？

10. 下列項目，是否為成品成本表內的項目？

　(1)推銷人員薪資。

　(2)佣金。

(3)呆帳損失。

(4)折舊—辦公設備。

(5)銷貨退回與折讓。

(6)進料退出與折讓。

(7)投資損失。

(8)營業準備。

(9)專利權。

二、選擇題

( ) 1. 表達企業經營成果之報表為：

　　(A)資產負債表　(B)損益表　(C)權益變動表　(D)現金流量表

【丙級技術士檢定】

( ) 2. 結算工作底稿中損益表欄的借方總額大於貸方總額表示：

　　(A)銷貨毛利　(B)銷貨毛損　(C)本期淨利　(D)本期淨損　【丙級技術士檢定】

( ) 3. 損益表內，銷貨收入：銷貨退回 =9:1，期初存貨：進貨淨額 =1:3，進貨淨額：
期末存貨 =6:1，毛利率為 30%，期初存貨較期末存貨多 $10,000，則銷貨收入
為：

　　(A) $112,500　(B) $111,111　(C) $100,000　(D) $30,000　【丙級技術士檢定】

( ) 4. 結算工作底稿中本期淨利記在：

　　(A)資產負債表欄的借方　(B)損益表欄的借方　(C)損益表欄的貸方　(D)不一定

【丙級技術士檢定】

( ) 5. 結算工作底稿中，調整前試算表欄的預付廣告費為 $12,500 及廣告費 $2,000，
調整分錄欄貸方列預付廣告費 $7,000，在損益表欄之廣告費應為：

　　(A)借方 $9,000　(B)借方 $5,000　(C)借方 $7,000　(D)貸方 $7,000

【丙級技術士檢定】

( ) 6. 何種企業的損益表應包括銷貨收入、銷貨成本、營業費用三個主要部分？

　　(A)買賣業　(B)營造業　(C)金融業　(D)服務業　【丙級技術士檢定】

（ ） 7.下列何者非為主要財務報表？

（A）資產負債表 （B）損益表 （C）現金流量表 （D）結算工作底稿

【丙級技術士檢定】

（ ） 8.銷貨運費誤記為進貨運費，將使損益表上：

（A）營業費用多計 （B）銷貨毛利少計 （C）銷貨毛利多計 （D）銷貨毛利不變

【丙級技術士檢定】

（ ） 9.投資收入應列示於損益表之：

（A）銷貨收入項下 （B）營業收益項下 （C）營業外收益項下 （D）非常損益項下

【丙級技術士檢定】

（ ） 10.下列何者非財務報表對外的功用？

（A）是供管理決策的報表 （B）是申請貸款所需提供的報表 （C）是供外界財務分析的報表 （D）是增進公眾信賴的報表

三、練習題

1. 試按第十六章第六節內天惠商行民國103年1月份的工作底稿，編製天惠商行該月份的損益表。

2. 將第十六章練習題1建業商行的調整後試算表，改編為結帳計算表，並編出其損益表。

3. 將按第十六章練習題3所編仁信食品廠的十欄式結帳計算表，編製該廠民國103年上期的損益表。

4. 將按第十六章練習題5所編正義雜誌社的工作底稿，編製該社民國103年1月1日至9月30日止的損益表。

5. 試按下列光隆商行民國103年度損益表的內容，將合計欄與總計欄應列的金額列出，列時須注意：凡應加「$」記號之處，不可遺漏，不需加「$」記號之處，切勿加列。

光 隆 商 行
損 益 表
中華民國 103 年 1 月 1 日至 12 月 31 日

摘　　要	金　額		
	小　計	合　計	總　計
銷貨收入			
銷貨總額		$2,325,000 00	
減：銷貨退回	$　40,100 00		
銷貨折讓	3,200 00	(43,300 00)	
銷貨淨額			$2,281,700 00
銷貨成本			
存貨 (103/11/1)	$　10,000 00		
加：進貨	2,300,575 00		
可供銷售商品成本			
減：存貨 (103/12/31)		(431,775 00)	
銷貨成本			
銷貨毛利			
營業費用			
銷售費用			
旅費	$　5,000 00		
運費	3,150 00		
廣告費	21,500 00		
呆帳損失	62,837 00		
管理費用			
薪資支出	$　35,000 00		
郵電費	1,166 00		
文具用品費	1,620 00		
交際費	830 00		
印刷費	1,520 00		
水電費	3,120 00		
修繕費	1,500 00		
稅捐	23,270 00		
捐贈	2,000 00		
保險費	1,550 00		

包裝費		2,800	00						
折舊		2,378	50						
職工福利		3,000	00						
各項攤提		2,000	00						
團體會費		400	00						
雜費		2,200	00						
營業利益									
營業外收益									
租金收入	$	4,000	00						
利息收入		525	00						
投資收入		5,000	00						
其他收入		200	00						
營業外費用									
投資損失	$	500	00						
租金支出		2,000	00						
本期淨利									

Memo

第十八章

會計報表（續）

第一節 資產負債表

上一章由工作底稿的損益表欄，編出損益表；同樣的可由工作底稿的資負表欄，編出資產負債表。下表為公利運輸公司的資產負債表，即係根據上一章第四節該公司的工作底稿而編。表上的日期為 103 年 6 月 30 日。此表呈現公利運輸公司自開業以來至此時間點的資產、負債及權益的狀況。

公 利 運 輸 公 司

資 產 負 債 表

中華民國 103 年 6 月 30 日

資　　產				百分比
流動資產：				
現金		$ 52,500		21.8
應收帳款		15,900		6.6
辦公用品		600		0.2
預付保險費		1,000		0.4
預付租金		10,000		4.1
流動資產合計			$ 80,000	33.1
固定資產：				
運輸設備	$150,000			
累計折舊—運輸設備	(2,500)	$147,500		61.1
辦公設備	14,000			
累計折舊—辦公設備	(100)	13,900		5.8
固定資產合計			161,400	66.9
資產合計			$241,400	100.0
負債及權益				
流動負債：				
應付帳款		$ 82,000		34.0
應付薪資		1,000		0.4
應付稅捐		3,280		1.4

預收租金	5,000		2.0
流動負債合計		$91,280	37.8
權益：			
股本	$120,000		49.7
本期損益	30,120		12.5
權益合計		150,120	62.2
負債及權益合計		$241,400	100.0

上表是加列各項目百分比的報告式。資產負債表與損益表一樣，習慣上有報告式與帳戶式之分。我國《商業通用會計制度規範》對於損益表採用報告式，但對資產負債表則採用帳戶式，將資產列於左方，將負債及權益列於右方。茲用上一章第五節康樂工業公司的工作底稿，將其資負表列示於下：

康 樂 工 業 公 司
資 產 負 債 表
中華民國 103 年 12 月 31 日

資　　產	金　額 小計	金　額 合計	負債及權益	金　額 小計	金　額 合計
流動資產：			負債：		
現金		$ 17,350	應付帳款		$ 29,200
應收帳款	$73,000		權益：		
減：備抵呆帳	(3,650)	69,350	股本	$180,000	
存貨：			累積盈餘	12,855	
材料	$51,500		本期損益	32,595	
在製品	47,000		權益合計		225,450
製成品	19,600	118,100			
預付保險費		600			
流動資產合計		$205,400			
固定資產：					
機器設備	$71,050				
減：累計折舊	(25,200)	$45,850			
辦公設備	$ 6,000				

減：累計折舊	(2,600)	3,400			
固定資產合計		$ 49,250			
資產總計		$254,650	負債及權益合計		$254,650

第二節　比較式資負表

《商業通用會計制度規範》的資產負債表格式如下：

企 業 名 稱

資 產 負 債 表

中華民國　年　月　日及　年　月　日

單位：新臺幣　　元

資　　　產	年　月　日		年　月　日		負債及權益	年　月　日		年　月　日	
	金額	%	金額	%		金額	%	金額	%
流動資產					流動負債				
現金及約當現金					短期借款				
短期投資					應付短期票券				
應收票據(減：備抵呆帳)					應付票據				
應收帳款(減：備抵呆帳)					應付帳款				
其他應收款					其他金融負債				
存貨					應付所得稅				
預付費用					應付費用				
預付款項					其他應付款				
其他流動資產					特別股負債一流動				
基金及長期投資					預收款項				
基金					一年內到期長期負債				
長期投資					其他流動負債				
固定資產					長期負債				
土地					應付公司債				
土地改良物					長期借款				
房屋及建築					長期應付票據及款項				

（減：累計折舊）			估計應付土地增值稅			
機（器）具及設備（減：累計折舊）			應計退休金負債			
租賃資產(減：累計折舊)			其他金融負債—非流動			
租賃權益改良（減：累計折舊）			特別股負債—非流動			
未完工程及預付設置設備款			其他長期負債			
雜項固定資產（減：累計折舊）			其他負債			
			遞延負債			
累計減損—固定資產			存入保證金			
遞耗資產			雜項負債			
遞耗資產(減：累計折耗)			負債總計			
			資本			
累計減損—遞耗資產			資本(或股本)			
無形資產			資本公積			
商標權			股票溢價			
專利權			受贈公積			
特許權			其他資本公積			
著作權			保留盈餘（或累積虧損）			
電腦軟體			法定盈餘公積			
商譽			特別盈餘公積			
其他無形資產			未分配盈餘（或累積虧損）			
累計減損—無形資產			權益其他項目			
其他資產			金融商品未實現損益			
遞延資產			累積換算調整數			
閒置資產			未認列為退休金成本之淨損失			
長期應收票據及款項			未實現重估增值			
出租資產			庫藏股			
存出保證金			少數股權			
			權益總計			

雜項資產			負債及權益總計				
累計減損－其他資產							
資產總計							

負責人　　　　　　　　經理人　　　　　　　　主辦會計

說　明

本表所列示之會計科目，商業得視實際情形增減之。

　　這一格式下，因為每期的金額只有一欄，所以對於應收票據與應收帳款下的備抵呆帳及固定資產下的累計折舊，都採淨減的方式，僅列減除後的淨額。

　　比較表的格式，一種是各期列示各自的百分比，另一種是列出兩期並比較兩者的增減變化。實務上普遍使用前一種，只有各自計算的百分比，但以功用論，後一種的意義比較大。試觀下面的簡例：

美 豐 股 份 有 限 公 司

比 較 資 產 負 債 表

中華民國 103 年 12 月 31 日及 102 年 12 月 31 日

	103 年		102 年	
資　　產	金額	%	金額	%
流動資產：				
現金	$ 32,000	12.5	$ 16,000	7.0
應收帳款（淨額）	34,000	13.2	26,000	11.4
存貨	45,000	17.5	36,000	15.7
流動資產合計	$111,000	43.2	$ 78,000	34.1
固定資產：				
土地	$ 23,000	8.9	$ 25,000	10.9
房屋（折舊後淨額）	116,000	45.1	119,000	52.0
生財設備（折舊後淨額）	7,000	2.8	7,000	3.0
固定資產合計	$146,000	56.8	$151,000	65.9
資產總計	$257,000	100.0	$229,000	100.0

負債及權益				
流動負債:				
應付帳款	$ 34,000	13.2	$ 26,000	11.4
應付票據	19,000	7.4	20,000	8.7
應付費用	11,000	4.3	8,000	3.5
流動負債合計	$ 64,000	24.9	$ 54,000	23.6
長期負債:				
抵押借款	55,000	21.4	60,000	26.2
負債合計	$119,000	46.3	$114,000	49.8
權益:				
股本	$100,000	38.9	$100,000	43.7
累積盈餘	38,000	14.8	15,000	6.5
權益合計	$138,000	53.7	$115,000	50.2
負債及權益總計	$257,000	100.0	$229,000	100.0

此表為各期各自計算百分比。這種比較表，也可將金額與金額相鄰，百分比與百分比相鄰，以便研閱，此時數字各欄，可改成如下所示:

	金　　額		百分比	
	103 年底	102 年底	103 年底	102 年底
現金	$32,000	$16,000	12.5	7.0

茲再按本例的內容，以另一種格式列示於下:

美 豐 股 份 有 限 公 司

比 較 資 產 負 債 表

中華民國 103 年及 102 年 12 月 31 日

資　產	103 年底	102 年底	比較增減 金額	百分比
流動資產：				
現金	$ 32,000	$ 16,000	$ 16,000	100.0
應收帳款（淨額）	34,000	26,000	8,000	30.8
存貨	45,000	36,000	9,000	25.0
流動資產合計	$111,000	$ 78,000	$ 33,000	42.3
固定資產：				
土地	$ 23,000	$ 25,000	$ (2,000)	(8.0)
房屋（折舊後淨額）	116,000	119,000	(3,000)	(2.5)
生財設備（折舊後淨額）	7,000	7,000	–	–
固定資產合計	$146,000	$151,000	$ (5,000)	(3.3)
資產總計	$257,000	$229,000	$ 28,000	12.2
負債及權益				
流動負債：				
應付帳款	$ 34,000	$ 26,000	$ 8,000	30.8
應付票據	19,000	20,000	(1,000)	(5.0)
應付費用	11,000	8,000	3,000	37.5
流動負債合計	$ 64,000	$ 54,000	$ 10,000	18.5
長期負債：				
抵押借款	55,000	60,000	(5,000)	(8.3)
負債合計	$119,000	$114,000	$ 5,000	4.4
權益：				
股本	$100,000	$100,000	–	–
累積盈餘	38,000	15,000	23,000	153.3
權益合計	$138,000	$115,000	$ 23,000	20.0
負債及權益總計	$257,000	$229,000	$ 28,000	12.2

　　此時所計算的百分比與前一格式不同。前一格式的百分比，是各項目對總計數的百分比，稱為縱向分析 (Vertical Analysis)，例如 103 年底的現金

$32,000，是該年底資產總額 $257,000 的 12.5%，其各項目百分比相加之數，必須與總額一行的 100% 相等。此一格式的百分比，則為每一項目兩期間增減數，對前期期末金額的比例，稱為橫向分析 (Horizontal Analysis)，每一項目各自計算，例如現金以兩期期末比較增加了 $16,000，此增加數為上期期末金額 $16,000 的 100%，但資產總額兩期期末比較，只增加了 $28,000，僅為上期期末資產總額 $229,000 的 12.2%。

　　縱向分析著重觀察比較同一類內各項目間比例的變化，橫向分析則著重觀察每一項目的增減。資負表上各項目的比較增減，可以顯示資產、負債及權益的變化情形，這類變化，有的是營業與損益的結果，有的是資金流入與運用的結果。

　　上一章所述的損益表，也是常用比較式的。

✒ 第三節　簡明的資負表

　　凡是對外公告的報表，可擴大金額的單位，以簡省數字的位數。以下例子便是以新臺幣千元為單位：

三　芳　公　司
資　產　負　債　表

單位：新臺幣千元	中華民國 102 年及 103 年 9 月 30 日			
會計科目	103 年 9 月 30 日		102 年 9 月 30 日	
	金　　額	%	金　　額	%
資產				
流動資產				
現金及約當現金	$　　75,522.00	1.51	$　　75,762.00	1.72
短期投資	35,572.00	0.71	24,474.00	0.55
應收票據淨額	332,004.00	6.65	364,513.00	8.25
應收帳款淨額	461,001.00	9.24	472,133.00	10.69

其他應收款	386,657.00	7.75	509,771.00	11.54
存貨	764,721.00	15.33	642,546.00	14.55
其他流動資產	78,420.00	1.57	39,818.00	0.90
流動資產合計	2,133,897.00	42.76	2,129,017.00	48.21
基金及長期投資				
長期投資合計	1,116,067.00	22.37	501,592.00	11.36
基金及長期投資合計	1,116,067.00	22.37	501,592.00	11.36
固定資產				
土地	144,316.00	2.89	144,316.00	3.27
房屋及建築	702,751.00	14.08	679,924.00	15.40
機器設備	3,041,302.00	60.95	2,931,303.00	66.38
運輸設備	47,801.00	0.96	44,938.00	1.02
其他設備	204,752.00	4.11	197,475.00	4.47
重估增值	145,614.00	2.92	145,857.00	3.30
成本及重估增值合計	4,286,536.00	85.91	4,143,813.00	93.83
累計折舊	(2,692,692.00)	(53.96)	(2,519,158.00)	(57.04)
未完工程及預付設備款	32,033.00	0.64	55,395.00	1.25
固定資產淨額	1,625,877.00	32.59	1,680,050.00	38.04
無形資產				
遞延退休金成本	42,548.00	0.85	0.00	0.00
無形資產合計	42,548.00	0.85	0.00	0.00
其他資產				
其他資產－其他	71,373.00	1.43	105,496.00	2.39
其他資產合計	71,373.00	1.43	105,496.00	2.39
資產總計	$4,989,762.00	100.00	$4,416,155.00	100.00
負債及權益				
流動負債				
短期借款	$ 287,610.00	5.76	$ 90,331.00	2.05
應付短期票券	99,523.00	1.99	20,000.00	0.45
應付票據	65,846.00	1.32	81,126.00	1.84
應付帳款	354,061.00	7.10	223,544.00	5.06
應付所得稅	9,287.00	0.19	31,064.00	0.70

應付費用	174,823.00	3.50	198,144.00	4.49
一年或一營業週期內到期長期負債	63,750.00	1.28	95,871.00	2.17
其他流動負債	129,989.00	2.61	211,697.00	4.79
流動負債合計	1,184,889.00	23.75	951,777.00	21.55
長期附息負債				
長期借款	475,250.00	9.52	404,000.00	9.15
長期附息負債合計	475,250.00	9.52	404,000.00	9.15
各項準備				
土地增值稅準備	37,782.00	0.76	37,782.00	0.86
各項準備合計	37,782.00	0.76	37,782.00	0.86
其他負債				
退休金準備／應計退休金負債	271,000.00	5.43	240,223.00	5.44
存入保證金	2,584.00	0.05	1,170.00	0.03
其他負債一其他	10,319.00	0.21	11,091.00	0.25
其他負債合計	283,903.00	5.69	252,484.00	5.72
負債總計	1,981,824.00	39.72	1,646,043.00	37.27
權益				
普通股股本	2,276,439.00	45.62	2,069,490.00	46.86
資本公積				
資本公積一發行溢價	132,433.00	2.65	132,433.00	3.00
資本公積一資產重估增值準備	(46,481.00)	(0.93)	(46,480.00)	(1.05)
資本公積一處分資產增益	2,497.00	0.05	2,497.00	0.06
資本公積一其他	135,369.00	2.71	135,369.00	3.07
資本公積合計	223,818.00	4.49	223,819.00	5.07
保留盈餘				
法定盈餘公積	288,597.00	5.78	264,352.00	5.99
特別盈餘公積	34,194.00	0.69	34,194.00	0.77
未提撥保留盈餘	215,914.00	4.33	173,511.00	3.93
保留盈餘合計	538,705.00	10.80	472,057.00	10.69
權益其他調整項目				
未實現長期股權投資損失	(16,842.00)	(0.34)	0.00	0.00
累積換算調整數	(14,182.00)	(0.28)	4,746.00	0.11

權益其他調整項目合計	(31,024.00)	(0.62)	4,746.00	0.11
權益總計	3,007,938.00	60.28	2,770,112.00	62.73
負債及權益總計	$4,989,762.00	100.00	$4,416,155.00	100.00

第四節　權益變動表

公司組織的營利事業，在編出損益表與資產負債表後，還須依據公司的財務實況，對於本期的損益淨額連同以往累積而可予分配的盈餘，或需予彌補的虧損，擬具盈餘分派或虧損彌補的議案，通常隨同議案，編具一張權益變動表。《商業通用會計制度規範》的格式如下：

企　業　名　稱

權　益　變　動　表

中華民國　年　月　日至　年　月　日及
　　　　　年　月　日至　年　月　日

單位：新臺幣　　　元

項　　目	股本	資本公積	保留盈餘（或累積虧損）			權益其他項目				合計
			法定盈餘公積	特別盈餘公積	未分配盈餘或累積虧損	金融商品未實現損益	累積換算調整數	未實現重估增值	庫藏股	
＿＿年度期初餘額										
前期損益調整										
＿＿年度期初調整後餘額										
分配或指撥：										
（本年度分配或指撥上年度保留盈餘）										
法定盈餘公積										
特別盈餘公積										
股東股息										
股東紅利										
其他資本公積變動										
＿＿年度稅後淨利（或淨損）										
金融商品未實現損益										
累積換算調整變動數										

未實現重估增值								
現金增資								
資本公積轉增資								
購買及處分庫藏股								
＿＿年度期末餘額								
（次年度表達內容同上）								

負責人　　　　　　　　　經理人　　　　　　　　　主辦會計

說　明

一、表列明細項目，商業得視實際情形增減之。

二、董監酬勞及員工紅利已於損益表中扣除。

　　權益變動表的範例請參下一頁。

第五節　財產目錄

　　我國《所得稅法》第六十六條，規定營利事業應備置財產目錄，標明各種資產之數量、單位、單價、總價及所在地，並註明其為成本、時價或估定之價額。簿記實務上，財產目錄在平時便是應該置備的固定資產明細帳或登記簿，決算時便是固定資產明細表。

　　財產目錄的參考格式如下：

企　業　名　稱

財　產　目　錄

中華民國　　年　月　　日

編號 字　號	名稱	所在地址	單位	摘　　要	數量	單位價格	金　　額	備　　註

經理　　　　　　　　主辦會計人員　　　　　　　　　製表

　　所得稅藍色申報書所規定的格式（請參第 214 頁），較為詳盡。

　　藍色申報，在計算應納的所得稅上，有種種的優待，所以平時在簿記方面，宜依照藍色申報的規定辦理。

×× 公 司
權 益 變 動 表
中華民國 102 年及 103 年 1 月 1 日至 12 月 31 日

單位：新臺幣千元

項　　　　目	股　　本	資本公積	保留盈餘			權益其他項目	合　　計
			法定盈餘公積	特別盈餘公積	未分配盈餘或累積虧損	未認列為退休金成本之淨損失	
民國 102 年 1 月 1 日餘額	$4,650,000	$323,558	-	-	$(4,036,714)	-	$ 936,844
民國 101 年度盈餘指撥及分配：							
提列法定盈餘公積			$13,800		(13,800)		-
民國 102 年度淨損					(234,350)		(234,350)
民國 102 年 12 月 31 日餘額(未經查核)	4,650,000	323,200	13,800	-	(4,284,864)	-	702,494
民國 103 年 1 月 1 日餘額	4,650,000	323,200	13,800	-	(2,994,135)	(7,697)	1,985,168
民國 102 年度盈餘指撥及分配：							
提列特別盈餘公積				$696,196	(696,196)		-
民國 103 年年度淨利					225,856		225,856
民國 103 年 12 月 31 日餘額	$4,650,000	$323,200	$13,800	$696,196	$(3,464,475)	$(7,697)	$2,211,024

✎ 第六節　結算申報與藍色申報書

⭐ 一、結算申報

依《所得稅法》第七十一條規定，營利事業納稅義務人應於每年 5 月 1 日起至 5 月 31 日止，填具結算申報書，向該管稽徵機關，申報其上一年度營利事業所得，並計算其應納稅額，於申報前自行繳納。其申報書的種類有兩種，有普通申報書及藍色申報書，除了經核准使用藍色申報書外，一般營利事業均使用普通申報書。

⭐ 二、藍色申報書

政府為鼓勵中小企業誠實申報，凡營利事業依《商業會計法》及《稅捐稽徵機關管理營利事業會計帳簿憑證辦法》之規定設帳、記帳、保存憑證並申報所得額者，經稽徵機關核准適用藍色申報。適用藍色申報之營利事業，稽徵機關僅作書面審核，另配以抽查。

✦㈠適用條件

根據《營利事業所得稅藍色申報書實施辦法》，適用藍色申報書之條件如下：

1. 依規定設帳、記帳並保存憑證者。
2. 誠實依法自動調整其結算申報所得額者。
3. 申請年度之上一年度已辦理結算申報。
4. 申請年度帳目無虛偽不實之記載。
5. 應繳所得稅款及有關之滯報金、怠報金、滯納金、利息、罰鍰等皆已繳清者。

✦㈡獎勵

一、本目錄採下列任一方式填報：
　☑採附件方式申報
　□填報本表
二、□土地
　☑折舊性固定資產折舊方法：平均☑　產量☑
　　　定率□　工時□
　　　年數□　其他（　　）
　（不同方法請換頁填寫）

企業名稱
財產目錄

中華民國 104 年 12 月 31 日

固定資產分類	設備或生財器具名稱	所在地址	數量	單位	取得時間 年	月	日	價格 取得原價	改良或修理	預留殘值	取得原價減預留殘值	耐用年數	折舊額 本期提列數	截至本期止累計數	未折減餘額	備註
3199	四開印書機	印刷工廠	1	臺	103	1	4	$47,000		$5,000	$42,000	7	$6,000	$12,000	$30,000	

藍色申報在計課所得稅上的主要獎勵有：

1. 交際費的限額放寬。

2. 可自當年度所得中扣除前十年的虧損。

3. 計算個人綜合所得總額時，如納稅義務人及其配偶經營二個以上之營利事業，且均係藍色申報者，其中如有虧損，可將核定之虧損就核定之營利所得中減除，以其餘額為所得額。

4. 可以採試算暫繳。

🖊 第七節　明細表

資產負債表與損益表，常需附編若干的明細表。製造業更需加編有關成本的明細表。

財政部對於證券發行公司列示有資負表及損益表的明細表。其所列示的通用格式為將一個科目的內容，分按項目摘要及金額列出，必要時加以附註，若干則表式頗繁，酌引數式於下：

其 他 流 動 負 債 明 細 表

項　　目	摘　　要	金　　額	備　　註

存 貨 明 細 表

項　　目	摘　　要	金　額		備　　註
		成本	淨變現價值	

說　明

一、按商品、製成品、在製品、副產品、原料及物料等，分項列明。

二、淨變現價值之決定方式，應於備註欄註明。

三、依國際會計準則第 41 號「農業」規定，農產品屬存貨者，應列入本表。

採 用 權 益 法 之 投 資 變 動 明 細 表

名稱	期初餘額		本期增加		本期減少		期末餘額			市價或股權淨值		評價基礎	提供擔保或質押情形	備註
	股數	金額	股數	金額	股數	金額	股數	持股比例	金額	單價	總價			

說　明

一、按其性質、股票名稱及種類分別列明。

二、以現金以外之資產為投資者，應於備註欄註明其計算情形。

三、本表金額不含累計減損之金額，累計減損之變動詳採用權益法之投資累計減損變動明細表。

應 付 公 司 債 明 細 表

債券名稱	受託人	發行日期	付息日期	利率	金　額					償還辦法	擔保情形	備註
					發行總額	已還數額	期末餘額	未攤銷溢（折）價	帳面金額			

說　明

一、每期發行之公司債，應分別列明，海外公司債並應註明發行地區。

二、有提撥償債基金及其他約定事項者，應分別註明。

三、應付公司債將於一年內到期部份，轉列流動負債（提撥有基金者除外）。

四、可轉換公司債應註明已轉換數額。

　　下表為某電子股份有限公司 103 年 6 月 30 日財務報表內資負表的明細表：

× × 電 子 股 份 有 限 公 司

其 他 應 收 款 明 細 表

中華民國 103 年 6 月 30 日

單位：新臺幣千元

項　　目	摘　　　要	金　　額	備　　註
應收退稅款	應收營所稅及營業稅之退稅款	$222,807	
應收利息		28,469	
應收代付款		16,588	
應收遠匯款		10,750	
其他		1,545	
合　　計		$280,159	

🖊 第八節　結帳後試算表

　　工作底稿上最後資負表二欄的金額，便是結帳後試算表 (Afterclosing Trial Balance) 的金額。在簿記實務上，帳務程序的整個循環，如下所示：

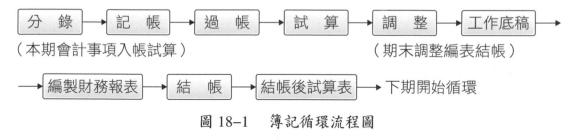

（本期會計事項入帳試算）　　　　　　　　　（期末調整編表結帳）

圖 18–1　簿記循環流程圖

　　一個報導期間 (Reporting Period)❶的會計事項，經過分錄而入帳，到了期末，先行試算，再作期末調整而編表結帳。前一時期帳務告一段落，接著便開始下一時期的帳戶循環。

---

❶　其過去稱為會計期間 (Accounting Period)，為企業營業週期的代稱。遵行 IFRS 之後，改稱為報導期間。報導期間分為歷年制與非歷年制，歷年制從 1 月 1 日起至 12 月 31 日止；非歷年制一般分為 4 月制（4 月 1 日起至次年 3 月 31 日止）及 7 月制（7 月 1 日起至次年 6 月 30 日止）。

　　工作底稿的資負表二欄數字，雖然是結帳後試算表上的金額，但在帳務程序的循環上，工作底稿是在進行調整時就開始編製。習慣上，有關的調整分錄與結帳分錄，係在報表編出後再行入帳。這些分錄入帳之後，損益科目方能結平，劃上雙線，予以結束。結帳後試算表，係在結帳分錄入帳而損益科目結平之後再行編製的，其重要作用有：

1. 顯示調整分錄及結帳分錄入帳之後，所有損益科目，俱已結平。如果結帳後試算表內，出現損益科目不能平衡，也就是與工作底稿資負表二欄的金額不符，則必是調整分錄與結帳分錄的記入日記帳與過往分類帳的程序中，發生遺漏或錯誤所致，應該立即查核。

2. 是下一會計時期的期初金額，即在該期的會計事項未作分錄予以入帳之前的金額。這一張期初的試算表，如果與其期末的試算表相比較，便可顯示該報導期間各會計事項所產生的變化。

3. 如果每一年度專用一套帳簿，以便分年保存，則在年度終了後，便需將年終時尚有餘額的資負科目，全行作結束分錄，然後對下一年度作開帳分錄。此時宜先編就結帳後的試算表，以便根據此一試算表分別編製結束分錄及開帳分錄。

　　下表即為本章第一節公利運輸公司的結帳後試算表，假定該公司的報導期間採 7 月制，即每年自 7 月 1 日開始，至次年 6 月 30 日止。

公　利　運　輸　公　司

結　帳　後　試　算　表

中華民國 103 年 6 月 30 日

科　　目	借方	貸方
現金	$ 52,500	
應收帳款	15,900	
辦公用品	600	
預付保險費	1,000	
預付租金	10,000	

運輸設備	150,000	
累計折舊—運輸設備		$ 2,500
辦公設備	14,000	
累計折舊—辦公設備		100
應付帳款		82,000
應付薪資		1,000
應付稅捐		3,280
預收租金		5,000
股本		120,000
本期損益		30,120
合　　計	$244,000	$244,000

根據上表可編製年度終結日的結束分錄如下：

借：	累計折舊—運輸設備	2,500	
	累計折舊—辦公設備	100	
	應付帳款	82,000	
	應付薪資	1,000	
	應付稅捐	3,280	
	預收租金	5,000	
	股本	120,000	
	本期損益	30,120	
貸：	現金		52,500
	應收帳款		15,900
	辦公用品		600
	預付保險費		1,000
	預付租金		10,000
	運輸設備		150,000
	辦公設備		14,000

結束年終各科目餘額，轉往下年度

這一結束分錄的借方，全是結帳後試算表的貸方各科目；分錄的貸方，則是試算表的借方各科目。於是過帳之後，各科目借貸平衡，劃上雙線，以

示結束，例如預收租金科目的記載，將如以下 T 字帳所示：

1. 在未過入結束分錄之前：

預收租金

	6/30　由租金收入期末調整	$5,000

2. 過入結束分錄之後：

預收租金

6/30　結轉下期	$5,000	6/30　由租金收入期末調整	$5,000

　　使用結束分錄的結果，使全期分類帳上的任何科目都已劃上雙線結平，可以防止事後的添加帳項，這是結束分錄的重要功用。

　　編製結束分錄之後，必須立即編製下一會計年度開始日的開帳分錄。上例的開帳分錄如下：

借：	現金	52,500	
	應收帳款	15,900	
	辦公用品	600	
	預付保險費	1,000	
	預付租金	10,000	
	運輸設備	150,000	
	辦公設備	14,000	
貸：	累計折舊—運輸設備		2,500
	累計折舊—辦公設備		100
	應付帳款		82,000
	應付薪資		1,000
	應付稅捐		3,280
	預收租金		5,000
	股本		120,000
	累積盈餘		30,120

由上年度轉入各科目餘額

　　開帳分錄的借貸方，與結帳後試算表的借貸方，幾乎完全相同。可是由於報導期間的不同，所以結束年度的「本期損益」到了新年度開始，便要改入「累積盈餘」或「上期損益」科目了。

　　一個營利事業在有改組或合併等情形時，所作的結束分錄，與本節所述的相同。此時資負各科目的餘額，如果仍照結束時的金額，其入帳分錄，便與上述的開帳分錄相似。如果由於改組或合併導致資負科目另行估價調整，股本將隨而改變，盈餘也可能併為新股本的一部份，則應該按照實際的情形，編製分錄入帳。

　　總之，簿記是記載經濟活動事態的實用技術，必須按照實際的事態，編製適切的分錄，以使經濟活動，用適當的會計科目表示於帳簿上，然後按期彙集整理，編製報表。分錄與調整，是簿記工作的兩大重要關鍵，簿記人員在這兩項工作上多加留意，便容易事半功倍了。

一、問答題

1. 何謂比較式資產負債表？

2. 簡釋縱向分析與橫向分析。

3. 盈虧撥補表，是否即為盈餘分配表？

4. 盈餘分配表應該寫明為某一日，還是應該寫明為某一時期？

5. 所得稅申報時，規定財產目錄的記載，限於哪一類資產？應該載明哪一些事項？

6. 簿記人員平時對於付予個人的單據，是否需注意收受人的戶籍住址？

7. 何謂結帳後試算表？有何重要作用？

二、選擇題

（　）1. 會計循環指：

　　　　(A)會計工作自分錄、過帳、試算、調整、結帳、編表止之循環　(B)由現金、購貨、賒銷迄收款止之循環　(C)商業景氣從復甦、繁榮、衰退迄蕭條止之循環　(D)

企業業務自計畫、執行迄考核止之循環　　　　【丙級技術士檢定】

（　）2.資產負債表與損益表之連鎖關係在於：

　　　(A)本期損益　(B)業主往來　(C)銷貨成本　(D)業主資本　【丙級技術士檢定】

（　）3.在結算工作底稿中，累計折耗應填在：

　　　(A)損益表欄借方　(B)損益表欄貸方　(C)資產負債表欄借方　(D)資產負債表欄

　　　貸方　　　　　　　　　　　　　　　　　　　　　　　　【丙級技術士檢定】

（　）4.結帳後試算表之內容，應包括：

　　　(A)實帳戶　(B)虛帳戶　(C)收益及費損帳戶　(D)實帳戶與虛帳戶

　　　　　　　　　　　　　　　　　　　　　　　　　　　　【丙級技術士檢定】

（　）5.企業主要財務報表中下列何者屬於靜態報表？

　　　(A)資產負債表　(B)損益表　(C)權益變動表　(D)現金流量表

　　　　　　　　　　　　　　　　　　　　　　　　　　　　【丙級技術士檢定】

（　）6.應收帳款 $2,000，經收回 $800，此對於資產負債表的影響為：

　　　(A)總資產減少，負債和權益不變　(B)應收帳款減少 $800，權益也減少 $800

　　　(C)現金增加 $800，權益也增加 $800　(D)總資產、負債及權益均無變動

　　　　　　　　　　　　　　　　　　　　　　　　　　　　【丙級技術士檢定】

（　）7.下列敘述何者錯誤？

　　　(A)結算工作底稿中，損益表欄及資產負債表欄的金額來自調整後試算表欄　(B)
　　　編製結算工作底稿的企業，期末即可免除調整、結帳、編表等工作　(C)結算工
　　　作底稿資產負債表欄與結帳後試算表的資產與負債科目及金額完全相同　(D)
　　　根據十欄式工作底稿的第七、八欄可作結帳分錄　　　　【丙級技術士檢定】

（　）8.結算工作底稿中，試算表欄預付利息 $9,500，調整欄內貸方列示預付利息為
　　　$4,000，則資產負債表欄內之預付利息為：

　　　(A)貸方 $5,500　(B)貸方 $4,000　(C)借方 $5,500　(D)借方 $4,000

　　　　　　　　　　　　　　　　　　　　　　　　　　　　【丙級技術士檢定】

（　）9.本期期初曾做過預付保險費之迴轉分錄，本期末再作任何保險相關分錄，則期

未調整前預付保險費科目：

　　　(A)有借餘　(B)有貸餘　(C)沒有餘額　(D)不一定有餘額　　【丙級技術士檢定】

（　　）10.下列何者非使用藍色申報之企業所擁有的獎勵?

　　　(A)可自當年度所得中扣除前十年虧損　(B)交際費限額放寬　(C)享有不必辦理

　　　申報的待遇　(D)可以採試算暫繳

三、練習題

1.下表為光華商店的資產負債表，試根據此表：

　(1)編製其結帳後試算表。

　(2)編製其民國 103 年終的結束分錄。

　(3)編製其民國 104 年初的開帳分錄。

光 華 商 店

資 產 負 債 表

中華民國 103 年 12 月 31 日

資　　　産	金　　額		負債與權益	金　　額	
	小　　計	合　　計		小　　計	合　　計
流動資產			流動負債		
現金	$ 　4,107 00		銀行透支	$ 258,000 00	
零用金	5,000 00		應付帳款	490,000 00	
短期投資	10,000 00		應付費用	11,759 00	$ 759,759 00
應收票據　　150,000.00			其他負債		
應收帳款　1,106,750.00			代收保管款	$ 　230 00	
減：備抵呆帳 (62,837.00)	1,193,913 00		存入保證金	10,000 00	
應收收益	1,925 00		暫收款	5,000 00	15,230 00
存貨	431,775 00		負債總額		$ 774,989 00
用品盤存	580 00		權益		
預付款項	100,350 00		資本主投資	$1,200,000 00	
預付費用	12,500 00		本期淨利	401,984 00	1,601,984 00
其他流動資產	21,000 00	$1,781,150 00			
長期投資		100,000 00			
固定資產					
土地	$ 100,000 00				
建築物　　$200,000.00					

減：累計折舊	(1,587.00)	198,413 00		
運輸設備	30,000.00			
減：累計折舊	(454.00)	29,546 00		
生財器具	10,200.00			
減：累計折舊	(336.00)	9,864 00	337,823 00	
遞延資產				
租賃權益	$ 20,000 00			
未攤提費用	8,000 00	28,000 00		
無形資產				
商標權		50,000 00		
其他資產				
存出保證金	$ 2,000 00			
墊付款	8,000 00			
未完工程	70,000 00	80,000 00		
		$2,376,973 00		$2,376,973 00

2. 試按第十七章第五節康樂工業公司結帳計算表：

　(1)編製其報告式資產負債表，並加列其百分率。

　(2)編製其結帳後試算表。

　(3)編製其民國 103 年底的結束分錄及民國 104 年初的開帳分錄。

3. 下列為民生米行 103 年度在期末整理前的試算表：

民　生　米　行

試　算　表

中華民國 103 年 12 月 31 日

會計科目	借　　方	貸　　方
銀行往來	$131,682.00	
零用金	1,000.00	
應收票據	10,000.00	
應收帳款	4,000.00	
土地	50,000.00	
運輸設備	144,000.00	
生財設備	10,000.00	

應付帳款		$ 84,700.00
應付票據		20,000.00
抵押借款		20,000.00
資本主資本—顏良		300,000.00
資本主往來	6,000.00	
銷貨收入		482,375.00
銷貨退回與折讓	5,625.00	
進貨	501,175.00	
進貨退出與折讓		5,075.00
進貨運費	1,290.00	
薪資支出	36,510.00	
租金支出	3,000.00	
營業運費	2,083.00	
保險費	2,160.00	
雜費	1,700.00	
利息支出	2,233.00	
利息收入		308.00
合　計	$912,458.00	$912,458.00

茲有期末調整事項如下：

(1)應付薪資 $1,100。

(2)應付利息 $50。

(3)應付稅捐 $200。

(4)應收利息 $13。

(5)保險費中，有 $360 係預付下年度。

(6)利息支出之中，查有 $186，係屬預付下年度者。

(7)應提折舊，計運輸設備除殘值 $16,000 之外，分八年攤提。生財設備除殘值 $1,300 之外，分六年攤提。

(8)備抵呆帳，照應收票據及應收帳款的餘額合計數，提 1%。

試根據以上資料：

(1)編製十欄式結算表。

(2)編製損益表。

(3)編製資產負債表。

(4)編製結帳後試算表。

4.下列係凱歌股份有限公司民國103年底結帳後試算表。

凱 歌 股 份 有 限 公 司

試 算 表

中華民國103年12月31日

現金	$ 3,480	
銀行存款	20,000	
應收帳款	41,270	
存貨	46,920	
用品盤存	2,330	
生財設備	38,600	
累計折舊		$ 11,700
應付帳款		18,600
應付稅捐		2,450
應付租金		500
股本		100,000
累積盈餘		19,350
合　計	$152,600	$152,600

其應收帳款明細帳各客戶餘額如下：

愛光商行	$ 6,350
克隆公司	8,620
高邁公司	11,250
安利公司	12,640
實發公司	2,410
合　計	$41,270

民國 104 年 1 月份，發生會計事項如下：

2 日　賒銷臺美公司 $6,870，其貨品成本為 $4,630。

3 日　應付租金已由房東前來收取，另付本月份租金 $500，代扣所得稅 10%（入應付稅捐科目）後，付以支票。

4 日　愛光商行賒購貨品 $6,500，其貨品成本為 $4,300。

　　　實發公司欠款，已於本日交來，存入銀行。

5 日　現金購入用品 $560。

6 日　現金繳付 12 月份地價稅 $800，及 12 月份薪資所扣繳之所得稅 $200（在 12 月底俱已列入應付稅捐科目）。

　　　現金繳納本月 3 日所扣繳的租金所得稅。

7 日　應付帳款欠浩奇公司之 $8,000，本日與之結清，扣除折讓 $80，餘數付以即期支票。

9 日　現金付進貨運費 $460。

10 日　貨品 $6,100，以 $9,300 之價賒銷予實發公司。

　　　安利公司還來欠款。

11 日　向大良製品廠賒購貨品 $21,200。

12 日　付 103 年 12 月中向三陽商行進貨所欠之 $4,950，開出支票一紙。

14 日　愛光商行交來貨款 $6,500，存入銀行。

15 日　實發公司交來貨款 $9,200，存入銀行，並同意另予折讓 $100。

　　　現金清付上半月業務費用，計 $1,020。

16 日　貨品 $7,000，經加 40% 利潤，賒銷予安利公司。

17 日　貨品 $3,000，以 $4,200 之價賒銷予克隆公司，並由該公司如數還清前欠，存入銀行。

18 日　貨品 $8,500，以 $11,200 之價，賒銷予實林興業公司。

19 日　提前發放 1 月份薪資，計：

營業人員薪資	$8,000
管理人員薪資	9,000
扣繳所得稅	280

餘數開支票付訖。

20 日　初次向倫義公司賒購貨品 $17,000。

21 日　現金付由倫義進貨之運費 $210。

　　　臺美公司還清貨款，存入銀行。

22 日　清付各項管理費用 $830，由於現金不足，開支票由銀行提回現金 $3,000。

24 日　現金清付各項業務費用，計 $940。

25 日　寶林公司交來現金 $5,200，餘數交來三十天期無息票據一紙。現金已如數存入銀行。

26 日　清付各筆佣金，計 $2,640，扣繳所得稅 $20 後，開予支票付訖。

27 日　賒銷予克隆公司之貨品，內有品質欠佳部份，經同意折讓 $500。

28 日　以現金繳付 1 月份對薪資及佣金所扣繳之所得稅。

29 日　貨品 $3,700，以 $5,100 之價賒銷臺美公司。

　　　高邁公司交清欠款，存入銀行。

30 日　向倫義公司清付，承該公司折讓 2%，餘數開予即期支票。

31 日　員工借支下月份薪資，共計 $3,000，開出支票。

　　　現金清付業務費用 $420，管理費用 $310。

1 月底結帳時，計有下列調整事項：

(1)用品在本月耗用者，計歸業務費用者 $460，歸管理費用者 $880。

(2)生財設備應提折舊 $400。

(3)應收帳款估列備抵呆帳 1%。

(4)照本月營業額 1%，列為應付稅捐。

(5)在結出損益後，再按本月淨利，以 17% 估列應付營利事業所得稅。

該公司係使用下列序時帳簿：

甲、銷貨簿，其金額欄分為二個專欄

一欄為銷貨收入，期末彙總後過帳時係：

　　借：　應收帳款　　　　　　　　　×××

　　　　貸：　銷貨收入　　　　　　　　　　　　×××

另一欄為銷貨成本，期末彙總過帳時係：

　　借：　銷貨成本　　　　　　　　　×××

　　　　貸：　存貨　　　　　　　　　　　　　×××

乙、進貨簿，其金額期末彙總過帳時係：

　　借：　存貨　　　　　　　　　　　×××

　　　　貸：　應付帳款　　　　　　　　　　　×××

丙、現金收入簿，設下列專欄：

①現金（借）。

②銀行存款（借）。

③銷貨折讓（借）。

④應收帳款（貸）。

⑤其他：分為科目及金額兩欄，金額欄再分為借方及貸方。

丁、現金支出簿，設專欄如下：

①現金（貸）。

②銀行存款（貸）。

③應付帳款（借）。

④進貨運費（借）。

⑤業務費用（借）。

⑥管理費用（借）。

⑦其他：分為科目及金額兩欄，金額欄再分為借方及貸方。

戊、普通日記簿，不設專欄：

總分類帳及明細分類帳俱用借貸餘額式

試根據上述：

⑴將 104 年年初餘額，分別記入各分類帳頁。

⑵將 104 年 1 月份會計事項，記入各序時帳簿，並分別過入總帳及應收帳款明細帳。

⑶過帳後編製試算表。

⑷按照期末調整事項編製工作底稿，最後一項估計之營利事業所得稅，可在先按各損
益科目結出本期淨利後，再計算金額列入調整欄。

⑸按經濟部所列示之損益表格式，編製損益表。

⑹編製資產負債表。

⑺作調整分錄及結帳分錄，並記入日記簿及過帳，將損益科目結平。

⑻編製結帳後試算表，隨附應收帳款明細表。

成本與管理會計 王怡心／著

　　有別於目前市面上成本與管理會計相關書籍，本書將 IFRS 部分準則內容納入，有助於提升管理者與會計人員的專業能力，以因應 IFRS 的挑戰。全書共 12 章，分為「基礎篇」、「規劃篇」、「控制篇」及「決策篇」等四大篇。為了讓讀者容易了解並有效吸收各章內容，本書依下列原則編寫而成：1.提供要點提示，學習重點一手掌握；2.更新實務案例，拉近理論與實務的距離；3.新增 IFRS 透析，學習新知不落人後；4.強調習題演練，方便檢視學習成果。

稅務會計 卓敏枝、盧聯生、劉夢倫／著

　　本書之編寫，建立在全盤租稅架構與整體節稅理念上，係以營利事業為經，各相關稅目為緯，綜合而成一本理論與實務兼備之「稅務會計」最佳參考書籍，對研讀稅務之大專學生及企業經營管理人員，有相當之助益。再者，本書對（加值型）營業稅之申報、兩稅合一及營利事業所得稅結算申報均有詳盡之表單、說明及實例，對讀者之研習瞭解，可收事半功倍之宏效。

會計學（上）、（下） 幸世間／著；洪文湘／修訂

　　自民國 102 年開始，上市上櫃公司之會計處理，須全面遵行「國際財務報導準則」(IFRS)。本書修訂八版，即以我國最新公報內容及現行法令為依據，並闡明 IFRS 相關規定，以應廣大市場之需求。

　　本書增修重點係根據國際財務報導準則的規定，修訂部分會計專有名詞，並針對內容之改變加以定義及解析。全書分上、下兩冊，可供大學、專科及技術學院教學使用，亦可供一般自修會計人士參考應用。

國際貿易實務詳論 張錦源／著

　　買賣的原理、原則為貿易實務的重心，貿易條件的解釋、交易條件的內涵、契約成立的過程、契約條款的訂定要領等，均為學習貿易實務者不可或缺的知識。本書對此均予詳細介紹，期使讀者實際從事貿易時能駕輕就熟。此外，本書按交易過程先後作有條理的說明，期使讀者能獲得一完整的概念。除了進出口貿易外，本書對於託收、三角貿易、轉口貿易、相對貿易、整廠輸出、OEM 貿易、經銷、代理和寄售等特殊貿易，亦有深入淺出的介紹，為坊間同類書籍所欠缺。

國際貿易實務新論

張錦源、康蕙芬／著

　　本書旨在作為大學與技術學院國際貿易實務課程之教本，並供有志從事國際貿易實務的社會人士參考之用。其特色有：1.按交易過程先後步驟詳細說明其內容，使讀者對全部交易過程能有完整的概念；2.每章章末均附有習題和實習，供讀者練習；3.提供授課教師教學光碟，以提昇教學成效。

國際金融理論與實際

康信鴻／著

　　本書內容主要是介紹國際金融的理論、制度與實際情形。在寫作上強調理論與實際並重，文字敘述力求深入淺出、明瞭易懂，並在資料取材及舉例方面，力求本土化。此外，每章最後均附有內容摘要及習題，以利讀者複習與自我測試。

　　本書敘述詳實，適合修習過經濟學原理而初學國際金融之課程者，也適合欲瞭解國際金融之企業界人士，深入研讀或隨時查閱之用。